智能边界

隐私观念
的
重塑与未来

郭巧敏 ◎ 著

图书在版编目（CIP）数据

智能边界：隐私观念的重塑与未来／郭巧敏著. —北京：知识产权出版社，2025.7.
ISBN 978-7-5245-0014-8

Ⅰ. TP393.08

中国国家版本馆 CIP 数据核字第 20257QF891 号

内容提要

当人工智能、大数据、智能设备全面渗透日常生活，我们是否还拥有真正的"私人空间"？本书以跨学科视角，深入剖析数字社会下隐私概念的演变，梳理技术变革对传统隐私观念的影响，结合全球政策、产业动态与前沿科技趋势，提出"智能边界"这一隐私治理新范式，重新定义人工智能时代"我"的边界。

本书适合数据和信息领域相关政策制定与监管部门、科技公司从业者、法律与人工智能专业人士、高校师生与研究者、关心数字生活的普通读者阅读。

责任编辑：张雪梅　　　　　　　　　　　责任印制：孙婷婷
封面设计：杨杨工作室·张　冀

智能边界——隐私观念的重塑与未来
ZHINENG BIANJIE——YINSI GUANNIAN DE CHONGSU YU WEILAI

郭巧敏　著

出版发行：知识产权出版社有限责任公司		网　　址：http://www.ipph.cn
电　　话：010-82004826		http://www.laichushu.com
社　　址：北京市海淀区气象路 50 号院		邮　　编：100081
责编电话：010-82000860 转 8171		责编邮箱：laichushu@ cnipr.com
发行电话：010-82000860 转 8101		发行传真：010-82000893
印　　刷：北京中献拓方科技发展有限公司		经　　销：新华书店、各大网上书店及相关专业书店
开　　本：787mm×1092mm　1/16		印　　张：13.75
版　　次：2025 年 7 月第 1 版		印　　次：2025 年 7 月第 1 次印刷
字　　数：230 千字		定　　价：89.00 元

ISBN 978-7-5245-0014-8

出版权专有　　侵权必究

如有印装质量问题，本社负责调换。

前 言

网络社会治理伴随着网络的发展,二者是共生的关系。人类社会正迈向数字时代,然而数字经济的发展给数字生态下的社会治理带来了挑战,全球数字社会治理面临诸多新课题。其中,数字权益的确立与保护是数字经济与数字社会发展面临的首要问题。可以这样说,如果隐私的问题得不到较好的处理,那么相关的网络治理就等于建筑在沙子上,没有坚实的基础。

基于此,笔者提出了本书要研究的三个问题:一是数字时代的隐私是什么,二是影响网民隐私管理的因素是什么,三是应该从何种角度进行隐私保护。本书遵循的理论逻辑是基于新媒体与社会变迁的视角,全球化的发展,跨国公司的出现,打破了传统的"机械团结"协作和工作模式,伴随新媒体技术的发展,移动互联网、手机、社交媒体等涌入个体生活,网络化个人主义到来,并形成新的操作系统,影响着社会发展的形态。其最终的影响是网民对隐私和透明度有了新的期待,因此如何进行数字时代的隐私保护就成了本书研究的最终归途。

针对第一个问题,即数字时代的隐私是什么,笔者运用文献分析和大数据分析的方法,通过对隐私概念的变迁进行梳理,发现数字时代信息隐私变得更加重要,功能和重要性也不再拘泥于传统的人格保护,其经济价值正在被发掘,对于创意产业发展的影响更是不可忽视。通过大数据分析,笔者发现在平台社会视角下隐私观念是系统的生态体现,不仅是概念的构成,与隐私相关的主体、载体、议题、影响都可以纳入理解隐私的范畴,这也反映出隐私作为社会问题是与技术双向驯化的结果,因此就不得不考察平台社会下平台的功能和角色,因为这对隐私也会产生影响。于是,笔者将平台的所有权、商业模式和管理模式也纳入考察隐私观的生态体系中。

针对第二个问题,即影响网民隐私管理的因素是什么,笔者运用问卷调查的方法,结合《中国互联网络发展状况统计报告》中的相关指标,对网民展开调研，以隐私管理行为为因变量，以个人特质、人口因素、隐私特性、信息环境为自变量设计研究模型，并对其展开验证。具体来看，在隐私特性与隐私管理行为的假设中，隐私关注、隐私经历、隐私价值正向影响网民的隐私管理行为，隐私疲劳负向影响网民的隐私管理行为，隐私监视和隐私管理行为之间关系不显著。信息环境与隐私管理行为的假设中，人际环境、契约环境正向影响网民的隐私管理行为，舆论环境负向影响网民的隐私管理行为，技术环境与隐私管理行为之间关系不显著。在个人特质与隐私管理行为的假设中，自我效能和隐私管理行为之间关系不显著，网络素养正向影响网民的隐私管理行为。在个人特质与隐私特性中，自我效能、网络素养正向影响隐私关注，自我效能、网络素养负向影响隐私疲劳。在人口因素与隐私特性中，高学历群体更在乎隐私价值，性别、收入和隐私价值感知关系不显著。人是一切社会关系的总和，把握社会实践不能离开社会生活中的人。在模型建构中，笔者基于社会时空视角，试图从多元角度的交互作用考察网民个体生命空间、家庭空间、社会空间共同作用于个体所体现出的隐私管理行为的丰富差异和趋势。在个体角度，笔者认为影响网民隐私管理行为的社会空间内容与形式是不可分割的，在实际网络使用中，社会空间内容的多样性与形式的多层次性交织在一起，因此建模中将与隐私相关的个体年龄、性别、收入、文化程度、现居住地、少年居住地等变量进行了交互和变换，将它们构造出的复杂的社会空间形式纳入分析。这些变量作为社会时空中重要的变量，对于认识社会现象背后的研究更有意义，可以帮助我们理解隐私问题反映的社会互动。多元回归模型的建构对于深入追踪隐私问题的社会性具有重要意义，由此得出三方面的启示值得关注：① 45 岁成女性隐私管理行为指数转折点；②未婚独生子女及二线城市值得关注；③高收入和高学历群体对隐私关注度更高。

针对第三个问题，即应该从何种角度进行隐私保护，笔者没有拘泥于当下隐私保护的三种取向（一是伴随数据要素市场化的提出，很多研究者认为在隐私数据分级分类的基础上，以传统银行理念建立数据银行或数据信托，这被认为是实现隐私自主的重要路径；二是基于协同视角和网络社会治理的参与主体进行隐私保护；三是隐私保护的国际经验），而是对三者的关系进行系统整合，运用深度访谈和参与式观察的方式，提出当下的隐私自主需要多元利益主体的平衡，这是隐私得以保护的大前提。在这个过程中，不同主体担当不同角色：环境层面，媒体需要丰富报道形式；个体层面，需要进一步提升隐私素养；平台层面，需要警惕数字追踪；技术层面，需要注意社会互动的调试；政策层面，需要态度更加明确，在市场和监管中寻找适合中国本土发展的路径；行业层面，需要市场路径的进一步探索。在此基础上，形成了隐私自主的模型建构。

本书对于读者重新认识隐私、重新理解隐私分级分类结构、重新探索隐私保护路径都是有借鉴意义的，这也是本书实践价值和理论价值的体现。未来，仍需要基于新技术的发展，不断探索数字遗产、医疗隐私、技术效应、社会治理、技术伦理等问题。

感谢笔者的博士导师杨伯溆教授带领笔者前瞻性地研究数字时代的隐私保护这一领域！感谢国家信息中心对本书出版的大力支持！

目 录

第1章　绪论 ……………………………………………………… 1
　1.1　研究缘起 …………………………………………………… 1
　1.2　研究问题 …………………………………………………… 5
　1.3　研究意义 …………………………………………………… 5
　　　1.3.1　理论意义 …………………………………………… 5
　　　1.3.2　实践意义 …………………………………………… 6
　1.4　创新之处 …………………………………………………… 7

第2章　理论框架与文献综述 …………………………………… 9
　2.1　概念界定 …………………………………………………… 9
　　　2.1.1　隐私观念 …………………………………………… 10
　　　2.1.2　隐私管理 …………………………………………… 11
　　　2.1.3　隐私自主 …………………………………………… 11
　2.2　理论框架 …………………………………………………… 12
　　　2.2.1　媒介场景理论 ……………………………………… 12
　　　2.2.2　传播隐私管理理论 ………………………………… 14
　　　2.2.3　社会认知理论 ……………………………………… 17
　　　2.2.4　社会契约理论 ……………………………………… 18
　　　2.2.5　利益相关者理论 …………………………………… 19
　　　2.2.6　网络素养理论 ……………………………………… 22
　2.3　文献综述 …………………………………………………… 24
　　　2.3.1　隐私的变迁与发展 ………………………………… 24
　　　2.3.2　隐私观念的呈现与阐释 …………………………… 40
　　　2.3.3　隐私管理的相关研究 ……………………………… 45
　　　2.3.4　隐私保护的路径研究 ……………………………… 62

2.4	问题细化	67
2.5	小结	69

第3章 研究设计与研究方法 ... 71

3.1	研究框架	71
3.2	基于大数据分析的研究	72
	3.2.1 为何采用大数据分析的研究方法	72
	3.2.2 数据采集的实施	73
	3.2.3 数据处理与数据分析	74
3.3	基于网络问卷调查的研究	75
	3.3.1 为何采取网络问卷调查的研究方法	75
	3.3.2 网络问卷调查的实施	77
	3.3.3 网络问卷发放与数据收集	79
3.4	基于深度访谈的研究	80
	3.4.1 为何采用深度访谈的定性研究	80
	3.4.2 深度访谈的实施	81
	3.4.3 访谈对象样本的选取与概括	83
3.5	小结	84

第4章 隐私观念：微博平台的话题讨论 ... 86

4.1	隐私讨论的语义网络全局	87
4.2	隐私讨论的议题模块分析	88
	4.2.1 隐私主体：参与情境影响社交关系	88
	4.2.2 隐私议题：关注公共事件特定场所	90
	4.2.3 隐私载体：手机应用延伸国家安全	91
	4.2.4 隐私影响：隐私经历和游戏新场景	92
4.3	从隐私讨论理解网民隐私观念	93
4.4	小结	96

第5章 隐私管理：影响因素与周期研究 ... 99

5.1	描述统计	100
	5.1.1 数据来源	100
	5.1.2 样本简述	101

  5.1.3 问卷信度和效度检验 ········· 107
 5.2 模型验证 ········· 112
  5.2.1 变量描述和研究假设 ········· 112
  5.2.2 假设与验证 ········· 117
  5.2.3 假设的讨论与分析 ········· 122
 5.3 隐私管理行为多元回归模型及其解释 ········· 127
  5.3.1 45岁成女性隐私管理行为指数转折点 ········· 129
  5.3.2 未婚独生子女及二线城市值得关注 ········· 132
  5.3.3 高收入和高学历群体对隐私关注度更高 ········· 136
 5.4 小结 ········· 139

第6章 隐私边界：多元利益相关主体的平衡 ········· 143
 6.1 环境：媒体叙事和网络氛围 ········· 144
  6.1.1 媒体叙事有待丰富 ········· 144
  6.1.2 网络氛围影响表达方式 ········· 145
 6.2 个体：隐私素养的自觉 ········· 147
  6.2.1 平台社会作为生态 ········· 147
  6.2.2 隐私素养框架搭建 ········· 148
 6.3 平台：人文关怀的融入 ········· 149
  6.3.1 空间界限打破，隐私让渡增多 ········· 149
  6.3.2 数字追踪加剧，监控成为常态 ········· 150
 6.4 技术：社会效应的追踪 ········· 152
  6.4.1 技术发展带来隐私权的变化 ········· 152
  6.4.2 技术正负效应同时存在 ········· 152
 6.5 政策：探讨隐私新价值 ········· 154
  6.5.1 数据作为生产要素进行交易流通 ········· 154
  6.5.2 GDPR和CCPA成为讨论焦点 ········· 156
  6.5.3 从网络安全到隐私保护的过渡 ········· 157
 6.6 行业：数据交易的探索 ········· 158
  6.6.1 信息信托规范平台发展 ········· 158
  6.6.2 依托市场机制的隐私交易 ········· 159
 6.7 小结 ········· 160

第 7 章 讨论与局限 ········ 163
7.1 研究讨论 ········ 163
7.1.1 隐私观念变迁：技术和社会的双向驯化 ········ 164
7.1.2 人口分层视角：隐私分级分类的必要性 ········ 166
7.1.3 隐私自主归途：从数据交易逻辑找启示 ········ 167
7.2 研究局限 ········ 169
7.2.1 隐私与空间视角欠缺 ········ 169
7.2.2 隐私与数据跨境流动 ········ 169
7.2.3 隐私行业组织细分少 ········ 170
7.2.4 对未成年群体关注不够 ········ 170
7.2.5 研究方法需要再审视 ········ 172

第 8 章 结论与启示 ········ 174
8.1 研究结论 ········ 174
8.1.1 隐私概念和观念的重新认知 ········ 174
8.1.2 从隐私影响因素探索新结构 ········ 175
8.1.3 从隐私自主到隐私数据交易 ········ 177
8.2 未来进路 ········ 177
8.2.1 医疗隐私问题亟需关注 ········ 177
8.2.2 数字遗产的保护与利用 ········ 178
8.2.3 从技术负效应回应治理 ········ 179
8.2.4 伦理视角融入制度设计 ········ 180
8.2.5 物联网环境下的隐私问题 ········ 182

参考文献 ········ 184

附录 A 访谈纲要 ········ 195

附录 B 受访者信息列表 ········ 197

附录 C 调查问卷 ········ 199

第1章 绪 论

1.1 研究缘起

隐私在世界范围内都是非常重要的话题，几乎每个国家的法律和条文都试图保护隐私。丹尼尔·沙勒夫（Solove D. J.）对各个国家和地区的隐私保护进行了梳理❶。1787年《美利坚合众国宪法》中虽未提及隐私一词，但对私人房屋的私密性和个人通信提出了保护。《美利坚合众国宪法》第四和第五修正案中对来自公权力的隐私侵犯做了进一步的说明。可以看出，美国的隐私保护主要针对政府行为展开。隐私与安全作为隐私法的核心矛盾，需要平衡二者的关系。安全涉及人身和财物免受犯罪的威胁，政府促进安全的一种重要方式就是调查和惩罚犯罪。为此，执法人员必须收集有关嫌疑人的信息，而不规范的监测和信息收集对隐私构成重大威胁。一些国际组织及加拿大、法国、德国、澳大利亚、日本、印度、巴西也从国家层面承认了隐私的重要性。例如，1980年经济合作与发展组织（OECD）（以下简称"经合组织"）发布了《经合组织隐私权保护指南》（OECD Privacy Guidelines），澳大利亚1988年制定了《隐私权法》（Privacy Law），加拿大2000年制定了《个人信息保护和电子文件法》（Personal Information Protection and Electronic Documents Act），日本《个人信息保护法》（Personal Information Protection Act）2005年生效等。伴随全球化的发展，跨国公司的隐私准则、指令和框

---

❶ SOLOVE D J. Understanding privacy [J]. Social Science Electronic Publishing, 2008, 59 (7): 57-58.

架已经影响了许多国家隐私法的通过。整体来看，隐私的重要性成为全球共识。伴随网络社会的纵深发展，隐私的界定发生了变化，各个国家纷纷制定或修订传统的隐私方面的法律以适应数字社会的发展。

第55次《中国互联网络发展状况统计报告》显示，截至2024年12月，我国网民达11.08亿人，其中手机网民为11.05亿人，庞大的网民数量正在加速数字时代的纵深发展，数字化关系、数字化家庭、数字化工作成为常态，并成为数字社会的重要组成部分。在此语境下，我国正在逐步完善相关的法律体系，近年来相继制定了《中华人民共和国网络安全法》（以下简称《网络安全法》）、《中华人民共和国民法典》（以下简称《民法典》）、《中华人民共和国数据安全法》（以下简称《数据安全法》）、《中华人民共和国个人信息保护法》（以下简称《个人信息保护法》）等法律法规，成为数字时代隐私保护的"安全锁"。但需要注意的是，网络社会治理伴随着数字社会的发展，二者是共生的关系，讨论任何网络社会治理都必须面对隐私问题。可以这样说，如果隐私的问题得不到较好的处理，那么相关的网络社会治理就等于建筑在沙子上，没有坚实的基础。就现状而言，不管是现实公共空间的摄像头，还是网络空间人们留下的任何痕迹，都对传统的隐私概念提出了前所未有的挑战，遵照网络治理的协同视角，除了数字时代的法律规范，亟需新的视角应对数字时代个体的隐私观念和隐私保护问题。

从数据来看，2020年美国联邦贸易委员会（FTC）发布了《2019年隐私和数据安全报告》（2019 Privacy and Data Security Report）。FTC针对网络社会中诸如社交媒体、移动应用等领域存在的隐私问题进行了执法，包括130多个垃圾邮件和间谍软件案件及80项一般隐私诉讼，还开展了Facebook案件、剑桥分析案件、Retina-X案、Unrollme案、Hylan案等隐私执法行动。❶ 在美国，隐私信任问题更加突出，46%的受访消费者认为政府应更多地访问个人数据以应对重大危机。❷ 为了确保数字社会的有效运转，就需要平衡隐私、权力和政策之间的关系。以企业隐私政策制定为例，需要进一步了解消费者对隐私数据的期望及隐私数据共享后的回报。2021年阿里巴巴旗下开放型研究机构罗汉

---

❶ CAICT互联网法律研究中心. FTC发布《2019年隐私和数据安全报告》[EB/OL]. (2020-03-02) [2021-07-09]. https://www.secrss.com/articles/17541.

❷ 安永. 安永：2020安永全球消费者隐私保护调查报告 [EB/OL]. (2021-02-26) [2021-05-26]. https://baijiahao.baidu.com/s?id=1692730410930728491&wfr=spider&for=pc.

堂（Luohan Academy）发布了《理解大数据：数字时代的数据和隐私》，结果显示80%的调查对象认为他们的数据发生过泄露，并且被广告和销售电话骚扰。全球隐私执法网络（Global Privacy Enforcement Network）在2018年的一项调查显示，只有28%的人对移动、宽带和通信设备运营商的信任度较高，15%的用户信任社交平台。尽管隐私泄露、不信任问题普遍存在，但很多人还是愿意分享自己的隐私数据，且大多是没有经济补偿的，而当分享他人信息时更是肆无忌惮，这种现象被称为隐私悖论（piracy paradox）。❶ 在空间和时间被网络打破的同时，隐私信息分享更加便利，这背后一方面折射出网民对隐私的淡漠，另一方面呈现的则是隐私观念的社会变迁。

  远古时期，人类出于本能用树叶等遮蔽身体。在农业文明时期，聚居的生活空间形成熟人社会，大家分享隐私，但不会大范围传播，这个阶段的隐私体现为身体隐私。工业化的发展、城市化进程的加速使得人们的生活开始脱离原地域的限制，人们对私密空间、生活不被打扰、个体尊严产生了期待，这意味着隐私意识的崛起，人们开始追求自主行动，这个阶段的隐私体现在对私人空间的追求。网络的发展打破了时间和空间的限制，数据的收集、使用和存储成为常态。可以说，传统静态隐私主要体现在对身体隐私和空间隐私的追求，而网络时代对隐私的关注聚焦在动态的信息隐私。❷ 隐私内容的社会变迁如图1.1所示。伴随大数据的发展，数据隐私成为人们重点关注的对象，有研究者结合自然人、数据和隐私的概念特征对数据隐私进行了界定，指出其是以个人数据形式记录或以数字方式描绘的个体私人生活安宁和不愿为他人知晓的空间、活动和信息，而数据隐私权则是自然人不被他人非法侵扰、知悉、搜集、利用和公开等的一种人格权，目的是对数据隐私依法进行保护。❸ 因此，如果说传统隐私的侵犯主要表现在跟踪、窥视、偷拍、偷录、进入等行为，那么随着网络信息科技尤其是5G、大数据、人工智能技术的发展，在高度数字化的现代社会中，侵害隐私权的行为则主要表现为，通过公共场所全方位的视频监控、人脸识别、闭路电视监测、无线射频识别系统、cookie技术及各种传感

---

 ❶ 数据法盟. 理解大数据：数字时代的数据与隐私［EB/OL］.（2021-09-24）［2021-12-02］. https://mp.weixin.qq.com/s/VzN4iAC4-iRVZDnZqmKjmg.
 ❷ 杨建国. 大数据时代隐私保护伦理困境的形成机理及其治理［J］. 江苏社会科学，2021（1）：142-150，243.
 ❸ 盛小平，焦凤枝. 法律法规视角下的数据隐私治理［J/OL］. 图书馆论坛，2021（6）：1-15［2021-05-18］. http://kns.cnki.net/kcms/detail/44.1306.G2.20201229.1623.007.html.

器，未经权利人同意而对其私密信息进行大规模、自动化、低成本的收集、存储、加工和使用。例如，公共空间中社交平台收集用户数据，进而推荐个性化广告；私人生活空间中智能音箱、家庭摄像头等互联网家居无时无刻不在收集着用户信息，从而完善人机关系。需要注意的是，就如新旧媒体的区分一样，新媒体涵盖了很多传统媒体的功能，但是传统媒体在某种程度上依然被需要。数字时代的隐私是融合的内容，主要有身体隐私、空间隐私和信息隐私。

图 1.1 隐私内容的社会变迁

从隐私内容变迁的原因来看，以跨国公司为主体的全球化借助媒介技术（广播、电视、电话）逐步将家庭和传统社区瓦解，随之而来的是个人主义的崛起和消费社会的到来。❶ 西方全球化的进程早于我国，其个人主义特征更加明显。互联网的到来打破了时间、空间的界限，加速了网络化个人主义的到来，它强调以个人为联系单位，注重彰显个人主义，个人的自主权和选择权更大，结果是传统的邻里乡村社区逐渐被基于媒介技术形成的新型社区所取代。网络化个人主义是新型社区和社会运行的法则，对网络空间透明度的期待反映出网民隐私自主的愿景。❷ 这是因为在网络化个人主义环境下，网民使用网络、技术、技巧和服务来构建自己，通过关系网络在与人和物的互动中形成自我。❸ 因此，从宏观角度来看，隐私自主需要平衡政府、企业和个体的利益，让个体有力量在网络空间中主动选择；从微观视角来看，则需要网民具备良好的隐私素养，如网络使用技能、网络信任、数字时代隐私认知、数字时代隐私关注、数字时代隐私保护行为等。只有这样，构建持续可沟通的网络信息传播秩序才有可能。

综合以上，不管是作为现象的隐私问题呈现还是作为治理手段的法律文件，都是围绕隐私认知和隐私保护展开的，因此在网络化个人主义作为新的社会操作系统的情景下，有必要以网民的隐私观念为切入点，探讨其影响因素，构建隐私自主模型，探讨数字时代隐私保护之路。

---

❶ 杨伯溆：全球化：起源、发展和影响 [M]．北京：人民出版社，2002：15．

❷ 李·雷尼，巴里·威尔曼．超越孤独：移动互联时代的生存之道 [M]．杨伯溆，高崇，等，译．北京：中国传媒大学出版社，2015：79．

❸ SARA B. Relational privacy and the networked governance of the self [J]. Information, Communication & Society, 2019, 22 (14): 2187-2202.

1.2 研究问题

在数字时代背景下,基于新媒体与社会变迁的视角和网络化个人主义的理论基础,为更好地探寻数字时代的隐私自主路径,理顺隐私观念、隐私管理与隐私保护之间的关系,本书提出以下要研究的问题:

1)概念的明晰是研究的前提,新媒体的到来打破了时间和空间界限,作为网络社会治理的前提,我们需要重新理解:网络空间的中国网民隐私观念如何?应该如何理解数字时代的隐私定义?

2)在厘清网民隐私观念的图景之后,进一步探寻因果关系,在将隐私认知操作化的基础上探索影响网民隐私管理的因素有哪些。

3)网络空间一定程度上是现实空间的迁移,构成主体除了网民还有其他的利益相关者,如政府部门、平台、行业组织等,它们与网民共同构造了网络社会的形态,因此,在探寻网民隐私认知和影响因素的基础上,将采取协同视角,基于中国语境,探讨隐私保护模型如何建构。

基于此,笔者将在后文提出具体的、细化的研究问题。

1.3 研究意义

隐私是公民的一项基本权利,没有隐私的保护,社会治理就是一盘散沙。隐私对政治民主、国家安全、企业发展、个人心理健康与创造性的发挥都具有重要意义。本书研究的意义体现在理论和实践两个层面。

1.3.1 理论意义

西方社会的隐私文化传统出于对个人自主性的保护,是对公权力的约束。巴里·威尔曼(Barry Wellman)提出了"网络化个人主义"(networked individualism)的概念来描述技术变革下人们社会交往方式的变迁,在此基础上,这一概念发展为当代的"新型社会操作系统"(new social operating system),形成了新媒体传播时代网络社会研究的微观范式。它以个人为联系单位,不断调适媒介互动,形成以个人为特征的全球化本土化(glocalization),人们可以根据自己的意愿选择要接触的人和信息,可以对周围有无处不在的感知,对隐私和透明度产生了新的期待。本书在网络化个人主义理论视角下展开隐私研究，不同于以往的宏大叙事，而是与网络结构密切相关，以网民为主要研究对象，通过对网络空间隐私治理的深入研究，具体到我国，进一步延展网络化个人主义环境下新型社区和社会运行的法则，探寻隐私自主路径。

不管是现实公共空间的摄像头，还是虚拟空间个体留下的任何痕迹，都对传统的隐私概念提出了前所未有的挑战。本书对隐私概念的变迁作出梳理，并对数字时代隐私的概念、功能和重要性作出界定，便于后续研究者进行操作化的研究。在此基础上，基于中国语境，运用语义网络分析和问卷调查方法探讨网络空间隐私观念现状，从而进一步明确数字时代的隐私指代。

观念背后的影响因素是网络行为的前提，微观视角下网民行动的因素对网络社会治理的政策立法和政府管理都将产生重要影响，本书通过问卷调查将隐私认知影响因素系统化，对于系统理解隐私管理行为影响因素、构建隐私保护模型具有重要参考意义。

1.3.2 实践意义

在大数据时代，个体主动或者被动提供数据成为常态，而各种终端传感器更是将个人数据的收集深层次化，正如《卫报》所说，平台耕作个体数据（they are 'farming' our data）。[1] 这些数据包括情绪、行为、生理数据等。这些数据是个人隐私的重要构成，个体即使意识到风险，也无法与之抗衡。数据配合算法技术正在对人们的网络使用行为进行监控，这意味着个人监控强化带来个体信息的数据化，而数据具有排他性、非竞争性等特征，其结果是个人隐私在网络上被暴露。长久的不平衡必然影响网络社会的稳定，本书从作为弱势群体的网民入手展开研究，对保护个体隐私具有重要意义。

数字社会，创新与发展依然是主题，这就需要平衡隐私保护和企业平台发展之间的关系。我国 2021 年 8 月正式公布的《个人信息保护法》没有涉及明确的个人信息分级分类，这是因为在不同场景下个人信息的敏感性质不相同，同一个信息在不同场景和场合中的价值属性也不一样，一定程度上给予企业和个体互动的弹性空间。本书在厘清隐私影响因素的基础上，运用协同视角，将政府、企业、行业的隐私纳入分析，形成可落地的隐私保护模型。

---

[1] IOSIFIDIS P, ANDREWS L. Regulating the internet intermediaries in a post-truth world: beyond media policy? [J]. International Communication Gazette, 2019, 82（4）: 174804851982859.

立足全球化视角，伴随平台社会的到来，网络社会治理如果交给作为平台的互联网公司，不仅会带来平台公司的垄断加剧，更意味着传统民族国家力量将受到威胁。在网络社会中，技术风险的管控都存在一定的滞后性，这是因为平台公司不仅具备巨大的规模效应，还有网络效应和数据智能两种能力。因此，探寻隐私保护的折中路径，对于网络社会的稳定和政府的治理具有重要意义。

1.4 创新之处

本书具有如下创新点：

第一，隐私作为数字时代的重要议题，被法学、社会学、经济学、信息管理学、新闻传播学等领域的众多专家学者所研究，新闻传播领域对隐私的研究大多从隐私伦理、隐私保护、隐私关注、隐私素养、隐私影响因素等角度展开。本书立足于社会变迁的大背景，对隐私概念的变迁及其影响因素进行分析，并指出其重要性。特别是网络时代，碎片化是主要特征，个人主义特征明显，数字经济、创意产业的发展与个人自主性的发挥密切相关，网络治理中的隐私保护就变得尤为重要。本书聚焦在网络隐私治理的利益相关者。从宏观角度讲，相关研究可以为网络社会中的隐私保护政策制定提供借鉴；从微观角度讲，关注网民这一具体行动主体，可以进一步了解隐私发展的现状和困境。

第二，网民是网络的主要参与者，但其与政府、平台和行业的力量却是不均衡的，这也是隐私自主在当下无法很好实现的原因。进行隐私保护，首先需要明确网民的隐私观念。从人性的角度出发，隐私需要判断的不是一般读者的感受，而是有过隐私被侵犯经历的人的感受。本书没有拘泥于一般网民的隐私观念调查，而是综合运用语义网络分析、问卷调查和深度访谈三种方式，将隐私认知进行概念化和操作化，从而直接明确当下网民的隐私意识及对公私边界的认知，为隐私治理思路和隐私素养的培养提供参考。

第三，在了解网络时代网民隐私观念的基础上，笔者运用问卷调查的方式分析行为背后的因素，结合参与式观察网络社会治理中隐私涉及的相关主体，构建多维度的隐私治理分析框架。影响因素的探讨会对企业发展和政府决策产生影响。网络隐私特别是新媒体环境下的隐私是多个利益相关主体参与的，在隐私保护中，用户、政府和互联网平台在数据控制能力、获取能力和使用能力上存在明显的数据鸿沟。本书通过对网络空间的参与主体即网民、政府部门、平台、行业组织的深度访谈，建立了具有实践性质的隐私保护模型。就目前学界关于隐私治理的范式研究而言，除了21世纪初提出的基于语境的网络隐私治理范式、新治理范式和技术范式，基于范式展开系统定量与定性的研究较为少见。在主体层面，平台的功能和角色进一步突出，引发了对平台隐私保护技术的研究，虽有不少学者对用户、政策和行业组织展开探讨，但鲜有系统串联。这是本书的研究创新之一，也是实现隐私自主的关键所在。

第四，就方法而言，社会科学中理论和研究的链接是通过两种逻辑方法实现的：演绎（deduction）是从理论引出预期的结果或者假设，归纳（induction）是从特定的观察发展出概化通则。[1] 作为探索性研究，本书通过网络空间的数据抓取和分析、相关主体的深度访谈，明确隐私观念，探究网络治理，可为隐私相关法律规范的出台提供指导。

第五，就影响而言，技术的社会建构论强调技术、政府、网民、行业组织之间的互相驯化，将社会因素操作化为具体的行动主体。一方面，技术的发展改变了政府治理的方式、网民的隐私观念等；另一方面，网民在参与过程中，从时间、空间和语言三个方面成功地驯化了技术平台，隐私与平台、政府、网民、行业组织紧密结合，表明网络空间中的相关主体不是简单的抵抗关系，而是一种合作的调制模式，这也是未来网络治理必须具备的理念和思路。伴随人工智能的进一步发展，隐私与数据安全问题是势必要关注的全球议题。本书在中国语境下对网民的隐私自主期待展开研究，明确网民的隐私认知和影响因素，为我国参与全球隐私保护对话提供案例。

---

[1] 艾尔·巴比. 社会研究方法 [M]. 邱泽奇，译. 北京：华夏出版社，2005：23.

第 2 章 理论框架与文献综述

人类社会正走向数字社会，然而数字政府、数字经济、数字文化的发展也给数字生态下的社会治理带来了挑战，全球数字社会治理面临诸多新课题。其中，隐私保护是数字社会发展面临的首要问题。解决隐私保护问题，需要明确数字时代的隐私是什么，在此基础上理解行为背后的影响因素，解决"为什么"，明确隐私保护怎么做。隐私观念"是什么"，是数字时代重新理解隐私的关键。观念态度会影响个体的隐私管理行为，因此理解隐私管理背后的"为什么"才能更本质、更深入地开展隐私的相关研究。隐私保护怎么做是本书研究最终的归途。相较于泛泛而谈，本书综合现有理论研究及发展脉络、数据要素市场发展现状、深度访谈结果，认为隐私自主是数字时代隐私保护的操作化路径，并对隐私观念、隐私管理、隐私自主进行概念界定。理论的明确是展开研究的前提之一，本章中，笔者基于隐私研究主体的需要，对社会认知理论、社会契约理论、媒介场景理论、传播隐私管理理论、利益相关者理论、网络素养理论进行梳理，明确本书的理论框架，在此基础上，围绕隐私概念、隐私观念、隐私管理和隐私保护展开综述，并提出要研究的问题。

2.1 概念界定

国内外人文社科领域在对隐私话题的研究中大多从隐私认知、隐私管理、隐私保护等角度展开，但缺乏深入、系统的研究将其串联。就隐私认知而言，有很多文章探讨数字时代的隐私困境，这背后折射出大数据时代隐私观念的变化。系统理解网民隐私观念是做好隐私研究的必要前提。在隐私管理方面，隐私管理系统和隐私管理软件、隐私群组管理、隐私以往经历与隐私管理等研究近年来逐步增多，且大多基于社交平台、在线沟通场景展开隐私管理的研究，从人口统计、个人特质、隐私特性、信息环境等综合视角下看待隐私管理的研究相对较少。隐私保护是网民、学者、政府等多元主体关注的，但伴随数字经济的发展，数据要素作为生产要素被提出，隐私数据的经济价值被挖掘，隐私保护的思路不再是传统的一分为二的隐私自决，更多的自主性正在涌现，因此，理清隐私自主的核心要义，对于数字时代隐私保护和公民权益维护具有重要意义。概念的明晰是研究的基础，因此，围绕本书的核心研究内容——隐私，结合数字时代的特征，笔者进一步将研究的关键词聚焦为"隐私观念""隐私管理"和"隐私自主"三个核心概念，三个概念关键词操作化所要解决的问题如图2.1所示。

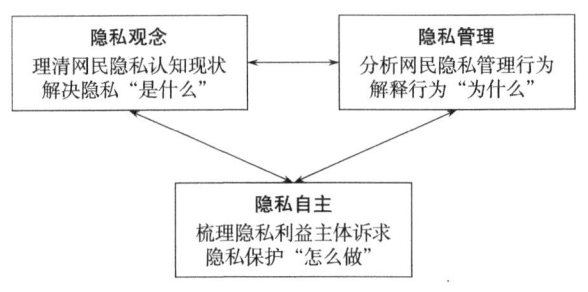

图 2.1　关键概念逻辑示意图

2.1.1　隐私观念

认知、态度和行为的研究一直是新闻传播研究的重点，观念是认知体现的重要形式，隐私观念是人们基于生活实践形成的对隐私的看法和认识，这是重新理解隐私概念的重要出发点，进而有助于理解数字时代网民的态度和行为。从汉语阐释的角度来说，观念是个体主客观认识的集合，并基于此展开行动，如社会决策、行动计划等。需要注意的是，观念在实践中不断变迁，具有历史性、发展性和实践性的特点。聚焦到学术概念，对隐私观念而言，一方面，要从学术意义上理解隐私的概念，后文中笔者将对隐私概念进行系统梳理，特别是关注互联网、智能手机等新媒介技术出现后网络隐私的概念、功能和重要性；另一方面，随着平台社会的深入发展，数字经济成为重要形态，个体与平台在互动过程中互相驯化，并在实践中形成具有时代特征的变化。这一点可以从数据隐私伦理的三次变迁看出：第一次是从采集者角度提出数据最小化，第二次是从用户角度提出数据控制，第三次是平台社会发展下的场景保护和语境保护。隐私数据不仅是人格权的重要内容，更是数字社会的重要生产资源。隐私观念是不断变迁的，基于特定平台探讨网民隐私观念便具备了现实意义。

2.1.2 隐私管理

网络社会治理的发展基本包含管治、管理、治理三个阶段，管治和管理强调一元主体，治理则是多元主体，包含政府、平台、公益组织、网民等多个利益相关方。本书的视角是网民这一主体，因此以隐私管理作为核心概念，管理的最终目的是确保个体生活平稳运行。作为一项系统的研究理论，传播隐私管理（CPM）旨在制定人们对揭示和隐瞒私人信息做出决定的方式和基于的规则。隐私管理的对象为个体的隐私，并受到多种因素影响。除了与隐私特性相关的隐私关注、隐私经济、隐私监视、隐私价值、隐私疲劳之外，宏观的信息环境如人际交流、社会契约、舆论发展、技术生态也会对个体隐私管理行为产生影响，微观的人口统计学信息、个人特质如自我效能和网络素养的高低亦是影响隐私管理行为的变量，但不同变量对行为的影响程度不同，因此本书将基于结构方程模型和多元回归探究隐私管理行为影响因素。

2.1.3 隐私自主

隐私自主是本书提出的概念，其基于两条理论发展逻辑：一是在网络化个人主义的背景下，个体在网络空间中拥有更多的选择权，隐私权是数字权益的一种，个人隐私的自主是网络化个人主义形成的新型操作系统的重要体现；二是从隐私的法学依据来看，其中的信息自决权属于人格权的一种，自然人主体亨有权利归属，遵循知情同意原则，主要包含自然人的人格权益和人格权商业化利用所附带的财产利益，从而确保个人自主性的发挥。从普遍理解的自主的概念来看，自主是在不受他人支配的情况下，个体可以对其行为做主，并能够承担自主决定的后果。在隐私研究的语境下，可以从隐私保护的出发点进行理解。"保护"一词的出现是因为不同利益群体的不均衡，所以法律上会有保护未成年人、保护妇女儿童、保护老弱病残等说法，这是试图通过平衡来达到保护的目的。同样，之所以有隐私保护，就是因为政府、平台公司与网民之间利益不均衡，通常的"知情-同意"困境就是表现。因此可以看出，理想意义上的隐私保护归途应是多元主体的平衡，个体能够评估隐私风险，作出隐私决策，并承担隐私泄露的后果，即个人自主性。在笔者看来，隐私自主是数字时代隐私保护的"理想类型"，就好比个人可以像存钱一样，可以选择将自身的隐私数据存入银行、脱敏转换经济机制、严格人格权保护等。后文将基于不同层次的研究发现对隐私自主进行深入的操作化研究。

2.2 理论框架

本书理论框架的逻辑展开主要基于隐私观念是什么、隐私管理为什么、隐私保护怎么做三个层面。一方面，网民的社会认知体现出一定的观念，从而影响社会态度和社会行为。一直以来，社会认知理论是社会心理学和认知心理学结合的产物，在隐私领域，受传统文化与社会结构的影响，在中国社会语境下，公私界限往往比较模糊，往往以集体利益为先。改革开放以后，城市化进程加速，隐私权益呼声开始高涨，因此基于社会认知理论探讨数字时代的网民隐私就具备了现实意义。另一方面，网络空间打破了时空界限，这就注定了隐私取决于信息分发的规范及是否适当，是否侵犯隐私取决于上下文语境。基于这一认识，本书运用社会契约理论和场景理论考察风险感知、网络利益、隐私期待等因素对网民隐私认知的影响规律。本书的落脚点是探寻隐私保护之路，实现隐私自主，其中涉及政府部门、网民、企业、行业等多个主体，因此基于协同治理理论、隐私管理理论和网络素养理论考察数字时代如何进行更有效的隐私保护。从逻辑层面来看，本书基于数字时代构建的媒介场景展开研究，这是本书的宏观背景；在此基础上，基于核心问题探讨隐私管理影响因素，综合运用社会认知理论、社会契约理论和传播隐私管理理论展开问卷的设计；对于隐私自主的路径建构，基于协同视角，运用利益相关者理论和网络素养理论展开分析，具体如图2.2所示。

2.2.1 媒介场景理论

数据化正在为个体生活营造新的场景。约书亚·梅罗维茨（Joshua Meyrowitz）在其著作《消失的地域：电子媒介对社会行为的影响》中阐释了新媒

第 2 章　理论框架与文献综述

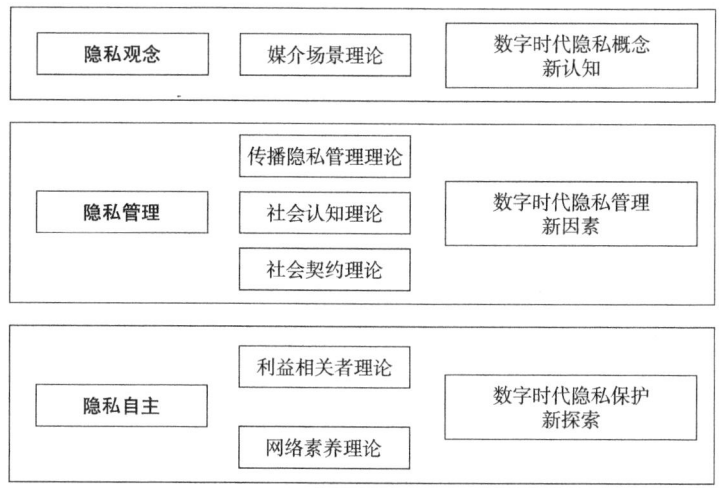

图 2.2　理论框架

介发展带来的新环境，或者称之为信息系统，电子媒介或者说新媒体以与以往不同的公共场景模糊了私下行为和公开行为的分界线，区分了环境位置和社会位置的传统关系，由此人们看到了群体身份的模糊，以及不同阶段社会的融合，与之伴随的是传统社会等级的消失。❶ 其中，媒介场景和人的行为是戈夫曼（Goffman）、麦克卢汉（McLuhan）等的著作的主要观点，如麦克卢汉提出的重新部落化，戈夫曼提出的环境的限定。戈夫曼作为场景主义的早期研究者，在《日常生活的自我呈现》一书中提出"拟剧理论"，指出每个人在舞台上都会扮演不同角色，个体根据情境如前台和后台来调整自身的行为。麦克卢汉在《理解媒介：论人的延伸》一书中创新性地分析了传播技术与社会交换的关系，但大前提是生产力的发展决定传播方式，技术促进了传播空间的形成，逐步形成传播的社会结构，在技术与社会互动的基础上形成了典型的理念，如地球村、媒介即讯息、媒介是人的延伸、冷媒介和热媒介等。就媒介是人的延伸而言，该书中提出诸多媒介与行为的案例，如服装与皮肤的延伸、住宅与观念延伸、时钟与时间观念、印刷与民族主义、汽车与机器新娘、报纸与政治传播、自动化与生存讨论等。❷ 可以说，麦克卢汉作为媒介决定论的重要

---

❶ 约书亚·梅罗维茨. 消失的地域：电子媒介对社会行为的影响 [M]. 肖志军，译. 北京：清华大学出版社，2002：8.

❷ 马歇尔·麦克卢汉. 理解媒介：论人的延伸 [M]. 何道宽，译. 南京：译林出版社，2019：63.

13

研究者，对技术和社会之间的关系研究做出了巨大贡献，但不足的是缺乏对场景的充分讨论。

梅罗维茨基于前人的研究成果，构建出"新媒介—新场景—新行为"的媒介与人类行为的关系模型。他指出，新媒介技术的发展和广泛使用可以构建众多新型的场景，产生对应的社会行为。❶ 他的场景定义不同于以往的空间概念界定，如咖啡馆的目的不只是卖咖啡，而是将场景理解为感觉区域。这一突破的重要价值在于，在新媒体环境下，个体基于不同场景寻求信息服务，不管是当下网络空间中就餐地点的选择还是娱乐购物的取向，精准化的推送与用户隐私的让渡密不可分，如地理位置、生活习惯、心理状态等。随着物联网社会的到来，可穿戴设备、社会机器人等终端产品的应用更需要用户让渡不同场景下的隐私来完成服务，因此在媒介场景理论下探讨隐私保护具有极强的现实意义。

2.2.2 传播隐私管理理论

传播隐私管理（CPM）最初被称为通信边界管理，旨在制定人们对揭示和隐瞒私人信息作出决定的方式和基于的规则。传播隐私管理理论认为，根据信息披露的感知福利和费用，个人维持和协调隐私界限。这一理论是由桑德拉·佩特罗尼奥（Sandra Petronio）在1991年提出的，2002年，她将其重命名为传播隐私管理，并认为私人披露是该理论的主要推动力。整体来看，该理论建立在奥特曼（Altman）的隐私概念基础上❷，即把隐私理解为开启和中断与其他人交流的过程❸。桑德拉·佩特罗尼奥基于边界隐喻解释隐私管理过程，这一理论认为，当人们披露私人信息时，它们依赖于基于规则的管理系统控制可访问性级别。个人的隐私界限管理他或她的自我披露，一旦披露，需要谈判双方之间的隐私规则。在确定对隐私管理的期望时，可能会出现一种令人痛苦的"边界湍流"（boundary turbulence）。拥有保护边界的心理形象是了解桑德拉·佩特罗尼奥的CPM五个核心原则的核心：①人们认为他们拥有并有权控制他们的私人信息；②人们通过使用个人隐私规则来控制私人信息；③当其他

---

❶ 蔡斐. 关于梅洛维茨"空间的注解"[EB/OL]. (2017-07-22)[2021-08-07]. http://www.cssn.cn/zx/201704/t20170422_3495245.shtml.

❷ 奥特曼认为隐私是人们允许接触某一自我或其群体的选择性的控制机制。

❸ METZGER M J. Communication privacy management in electronic commerce [J]. Journal of Computer-Mediated Communication, 2007, 12 (2): 335-361.

人被告知或授权访问一个人的私人信息时，他们成为该信息的共同主人；④私人信息的共同所有者需要谈判有关讲述别人的双方友好的隐私规则；⑤当私人信息的共同所有者没有有效谈判和遵循相互持有的隐私规则时，边界湍流是可能的结果。这与她最初提出理论的五个假设密切相关，即：①人类是选择决策者；②人类是规则制定者和规则追随者；③人类的选择和规则基于对他人及自我的考虑；④关系生活的特点是变化；⑤矛盾是关系生活的基本事实。

传播隐私管理理论主要包含五方面内容：①私人信息（private information）；②私人界限（private boundaries）；③控制和所有权（control and ownership）；④基于规则的管理系统（rule-based management system）；⑤管理辩证法（management dialectics）。需要说明的是，桑德拉·佩特罗尼奥视图将边界管理作为基于规则的过程，而不是个人决定。基于规则的管理系统允许管理个人和集体级别。该系统由三个隐私规则管理规范揭示和隐瞒私人信息的过程：隐私规则特征（privacy rule characteristics）、边界协调（boundary coordination）和边界湍流。隐私规则特征是指人们如何获得隐私规则并理解这些规则的属性[1]。隐私规则特征的发展与实施的标准有关，以确定是否及如何共享信息[2]，并进一步明确了隐私管理理论的五项标准，见表2.1。边界协调是指个人的隐私信息受到个人边界的保护，因为边界的渗透性是不断变化的，这意味着部分个人隐私信息可能被公众访问。由于边界并没有想象中那样容易协调，保持所有者所需的隐私或暴露水平就会带来边界湍流问题，共享边界的协调是避免过度共享的关键。当界限不清时，不同主体间可能会相互冲突，即当共同所有人不能理解规则时，以及当私人信息的管理与每个信息所有人的期望发生冲突时，共同所有人之间就会出现动荡[3]。这可能有多种原因，如突发事件或故意打探。就理论的应用而言，主要有家庭沟通、社交媒体、建议议题、社会关系、工作环境和跨文化传播中的隐私边界管理。[4]

---

[1] PETRONIO S. Communication boundary management: a theoretical model of managing disclosure of private information between married couples [J]. Communication Theory, 1991 (1): 311-335.

[2] PETRONIO S. Translational Research Endeavors and the Practices of Communication Privacy Management [J]. Journal of Applied Communication Research, 2007, 35 (3): 218-222.

[3] PETRONIO S, IRWIN A. Boundaries of privacy: dialectics of disclosure [M]. NY: State University of New York Press, 2002.

[4] MILLER S, WECKERT J. Privacy, the workplace and the internet [J]. Journal of Business Ethics, 2000, 28 (3): 255-265.

表 2.1 传播隐私管理标准

决策标准	类别	定义	举例
文化	核心	披露取决于特定文化中隐私和开放的规范	东西方文化对隐私的理解有不同侧重点
性别	核心	基于社交性，男性和女性塑造的隐私边界不同，这导致了规则在理解和操作上的差异	男性和女性对隐私边界的理解往往不同
语境	催化剂	物质和社会环境问题，这些决定了信息是否能被共享	人们在创伤的环境下，如地震中，会制定新的规则
动机	催化剂	信息的拥有者可能形成某种关系，导致信息披露，或相反的，他们表示有兴趣形成关系，可能会导致私人信息的共享，共享的动机可能包括互惠或者自我澄清	如果你已经向我透露很多，出于互惠性，我可能也会向你透露很多
风险/利益比例	催化剂	信息拥有者评估信息披露或保留带来的风险和利益	规则受到对披露风险与收益比例评估的影响

传播隐私管理理论讨论的核心是边界，主张用边界限定私人领域与公共领域的界限，也就是说，披露私人信息是相对的，在边界的一边不需要披露，在另一边则需要披露。在传统社会中，私人领域与公共领域的边界较为固定，而网络社会的连接性和空间界限的模糊性往往会引发边界连接和渗透。[1] 这就需要在网络空间的边界界定下展开更深入的研究，构建适用于数字社会的隐私边界，从而保护不同主体如网民、政府部门、企业和行业的信息，避免信息的泄露和破坏[2]，促进网络空间的安全。

---

[1] 钟瑛，刘利芳. 信息传播中的隐私侵犯及保护 [J]. 新闻与写作，2018（2）：23-26.
[2] 谢林江，杭菲璐. 大数据背景下数据治理的网络安全策略 [J]. 科技资讯，2018，16（17）：2.

2.2.3 社会认知理论

埃德温·B. 霍尔特（Edwin B. Holt）和哈罗德·查普曼·布朗（Harold Chapman Brown）在1931年出版的著作中提出社会认知理论这一概念，指出个体行为往往基于满足"感觉、情感和欲望"的心理需求。该理论最显著的组成部分是预测一个人在被模仿之前无法学会模仿。❶ 在此基础上，加拿大心理学家阿尔伯特·班杜拉（Albert Bandura）对社会学习的命题进行了扩展和延伸，并逐步理论化，最典型的是1961年开展的波波娃娃（Bobo doll）实验，证明了观察学习对行为的影响。在此基础上，1977年，他进一步证明了一个人的自我效能感和行为改变之间的直接相关性。❷ 1986年，社会认知理论得以正式命名。随后，社会认知理论被引入大众传播研究，主要用于分析"符号传播如何影响人类思想、情感和行动"，并基于该理论进一步分析行为如何通过控制进行调试，突出了社会心理因素在传播研究中的重要作用。❸ 该理论核心包含三方面的内容，分别是三元交互决定论、观察学习和自我效能。三元交互决定论是对传统单向决定论的完善和发展，进一步分析行为影响因素的多元性。阿尔伯特·班杜拉通过对个人和环境单一决定论的批判提出了相互决定论，即个体在社会学习过程中，行为、认知和环境三者是紧密联系的，并且相互决定。也就是说，其将环境因素、行为、人的个体因素三者看成是相互独立、相互作用并最终相互决定的理论体系。观察学习也叫替代学习，是指人往往通过观察他人行为，并作为指导自身行为的参照，完成系列动作的过程。例如，从动作的模拟到语言的掌握，从态度的洞察到人格的形成，都可以通过观察来完成。观察学习主要包含注意、表象、演化转换、动机四个过程。自我效能感（self-efficacy）也是社会认知理论中的一个概念，指的是个体对自己能否在一定水平上完成某一活动所具有的能力判断、信念或者是自我的把握与感受。从理论上看，自我效能是个体在从事某一社会活动时所表现出的能力。通

---

❶ HOLT E B, BROWN H C. Animal drive and the learning process, an essay toward radical empiricism [M]. New York: H. Holt and Co., 1931.

❷ BANDURA A. Self-efficacy: toward a unifying theory of behavioral change [J]. Psychological Review, 1977, 84 (2): 191-215.

❸ BANDURA A. Social cognitive theory of mass communication [J]. Media Psychology, 2001, 3 (3): 265-299.

常情况下，自我效能感强的人往往容易对新的问题产生兴趣，愿意全力投入其中，在过程中能不断努力克服困难，而且这个过程也正向影响个体的自我效能，最终使个体得到强化与提高；与之相反，自我效能感弱的人总是会自我怀疑，感觉自己什么都做不好，遇到困难时会畏缩，从而采取逃避的态度，结果是他们给自己定的目标往往很低，也很少能有大的改进。增强自我效能主要有四种方法：一是既往成就激励，二是社会经验积累，三是言语说服，四是情绪与生理影响。❶

综上，社会认知理论认为，个人的认知、行为和环境是相互决定的，观察学习和自我效能对行为产生影响，整个过程是动态的，而不是一成不变地、固定地线性发展。其在新闻传播学领域的应用主要表现在电视节目等观众所接触到的媒体信息对个人行为产生影响。因此，在隐私认知的影响因素研究中，所处环境、自我效能将作为重要的变量展开讨论，从而进一步发现影响个体隐私保护行为的重要因素。

2.2.4 社会契约理论

社会契约的概念最早由格劳孔（Glaucon）提出，并出现在柏拉图的一篇对话《克里托》（*Crito*）中。伊壁鸠鲁（Epicurus）（公元前341—前270年）让社会契约理论变得更加普遍，他是第一位将正义视为社会契约的哲学家。他认为自然正义是互惠互利的保证，以防止一个人伤害另一个人或被另一个人伤害；那些不能彼此达成不造成或不遭受伤害的具有约束力的协议的动物，既没有正义也没有不正义；从来没有绝对正义这样的事情，只有在不同时间、不同地点的人们在相互交往中达成协议，以防止造成伤害或遭受伤害。❷ 后来，洛克（Locke）、霍布斯（Hobbes）、卢梭（Rousseau）等传统政治和社会思想领域的哲学家提出了他们对社会契约的看法，从而使社会契约理论的讨论变得更加主流。他们试图证明为什么理性的个人会自愿同意放弃他们的自然自由来获得政治秩序的好处。为了避免无休止战争的发展，人们选择通过签订一种社会契约建立人类共同体（公民社会）。在这种契约中，人们服从绝对权威，获得

---

❶ BANDURA A. Social foundations of thought and action: a social cognitive theory [R]. Prentice-Hall Inc., 1986.

❷ The Republic, Book II. [2021-10-26]. Quoted from http://classics.mit.edu/Plato/republic.3.ii.html.

安全。当所谓的权威不能确保个体的自然权利或满足社会的最大利益时，公民可以撤回服从的义务，通过选举或其他手段，必要时包括暴力，来重新选择或建立权威。洛克则认为，除了绝对权威，还要确保法律下的自由不受侵犯。卢梭认为公意应该成为唯一的立法者，为了使社会契约发挥作用，个人必须放弃他们对整体的权利，从而确保"人人平等"原则得以实现。卢梭还从风险管理的角度分析了社会契约，表明国家起源于一种相互保险的形式。其理论的核心主张是法律和政治秩序不是自然形成的，而是人类的创造，出发点是假定个人已同意（无论是明确同意还是默认同意，二者的区别是，明确同意不会留下任何误解的余地）放弃他们的一些自由并服从（统治者的，或多数人决定的）权威，以换取保护他们剩余的权利或维护社会秩序的稳定。权威和基于公民意志的法律在其中扮演了重要角色。[1]而在社会语境下讨论契约，意味着同意需要是双方的，通过留在通常有政府控制的领土上，人们同意加入该社会并受其政府管辖，这种同意使这样的政府具有合法性。在人与人、个体与政府、政府与政府的合作中，社会契约意味着信任、理性和自身利益等因素使各方保持诚实并阻止各方违反规则。

综上，社会契约的核心是法律或者权威的确立是公共意志的体现，只有这样才能确保个人权利的实现，从而达到社会利益的最大满足。在倡导民主法治的当下中国，从网民视角探讨隐私观念，在此基础上，对政府部门、企业和行业进行深度访谈，追寻数字时代的隐私自主道路便具备了一定的社会意义。

2.2.5 利益相关者理论

利益相关方概念于1963年起源于斯坦福研究所。1971年，海因·克罗斯（Hein Kroos）和克劳斯·施瓦布（Klaus Schwab）认为现代企业的管理不仅要有股东，而且要有利益相关者实现长期繁荣。1983年，伊恩·米特罗夫（Ian Mitroff）在旧金山发布了组织思维的利益相关者理论。同年，R.爱德华·弗里曼（R. Edward Freeman）发表了一篇关于利益攸关方理论的文章，对公司的利益相关者进行了分析。随后，不同学科背景的研究者对利益相关者了进行界定，主要有两个共识：一是利益相关者之间的关系不是单向的；二是并非所有

---

[1] CASTIGLIONE D. Introduction the logic of social cooperation for mutual advantage – the democratic contract [J]. Political Studies Review, 2015, 13 (2): 161-175.

利益相关者与组织的关系都是直接的。

利益相关者理论起源于与传统的股东中心理论的争辩，但最具代表性的还是爱德华·R. 弗里曼在1983年分析公司利益相关者时提出的利益相关者理论。他认为当前的管理者面临着比以前更大的压力，由于众多的政府法规、企业评论家及媒体出现，企业内部灵活性下降，难以应对外部需求的增加。因此，管理者应学习更多的知识、更新的技术，增加包括股东、客户、社区和团体等在内的利益相关者的利益。该理论强调了影响的交互性，但对利益相关者的定义过于广泛，缺乏实际的可操作性。❶ 利益相关者理论认为公司存在的意义之一就是平衡所有相关者的利益。公司的管理层不仅要充分考虑所有利益相关者的利益，还要考虑对社会发展、生态环境的责任；治理模式不能仅局限于为公司的股东服务，还要提出共同治理的思路，实现多方利益的协调统一。❷ 在理念明确的基础上，研究者开始在实际的研究中对利益相关者进行分类。通常情况下，企业的利益相关者主要有股东、普通员工、债权人、供应商、零售商、消费者、竞争者、中央政府、地方政府及社会活动团体、媒体机构等。如果简单地将所有的利益相关者看成一个整体进行实证研究与应用推广，会发现其在实践中指导意义和参考意义并不大，因此目前国际上比较通用的是多锥细分法和米切尔平分法，具体见表2.2。

表2.2 利益相关者分类

类别	提出者	内容
多锥细分法	爱德华·R. 弗里曼（1983年）	利益相关者由于所拥有的资源不同，对企业产生不同影响。具体可以从三个方面对利益相关者进行细分：①持有公司股票的一类人，如董事会成员、经理人员等，称为所有权利益相关者；②与公司有经济往来的相关群体，如员工、债权人、内部服务机构、雇员、消费者、供应商、竞争者、地方社区、管理机构等，称为经济依赖性利益相关者；③与公司在社会利益上有关系的利益相关者，如政府机关、媒体及特殊群体，称为社会利益相关者

❶ FREEMAN R E, EVAN W M. Corporate governance: a stakeholder interpretation [J]. Journal of Behavioral Economics, 1990, 19 (4): 337-359.
❷ 王身余. 从"影响"、"参与"到"共同治理"——利益相关者理论发展的历史跨越及其启示 [J]. 湘潭大学学报（哲学社会科学版），2008, 32 (6): 28-35.

续表

类别	提出者	内容
米切尔评分法	米切尔·伍德（Mitchell Wood）（1997年）	将利益相关者的界定与分类结合起来，认为企业所有的利益相关者必须具备以下三个属性中的至少一个：合法性、权利性及紧迫性。依据这三个属性对利益相关者进行评分，根据分值将企业的利益相关者分为三种类型：①确定型利益相关者，同时拥有合法性、权利性和紧迫性，是企业首要关注和密切联系的对象，包括股东、雇员和顾客。②预期型利益相关者，拥有三个属性中的任意两个，包括：同时拥有合法性和权利性的群体，如投资者、雇员和政府部门等；拥有合法性和紧迫性的群体，如媒体、社会组织等；拥有紧迫性和权利性，却没有合法性的群体，如一些政治和宗教极端主义者、激进的社会分子，他们往往会通过一些比较暴力的手段来达到目的。③潜在型利益相关者，他们只具备三个属性中的一个

回归到利益相关者理论在网络社会治理中的应用，比较成熟的治理模型有三种：一是技术治理架构，其中市场、法律、架构、准则之间是相互约束的，最终形成网络空间的软件和硬件对网民个体行为的整套约束。❶ 二是米尔顿·穆勒（Milton Mueler）倡导的网格化治理模式，亦被称作多利益攸关方治理模式，多利益攸关方指代治理主体，普遍意义上指政府部门、商业团体和公民社会等。❷ 三是安塞尔（Ansell）和加什（Gash）基于对137个不同国家、不同政策领域的案例展开的"连续近似分析"形成的协同治理SFIC模型，主要包含起始条件（S）（starting conditions）、催化领导（F）（facilitative leadership）、制度设计（I）（institutional design）、协同过程（C）（collaborative process）。其中，协同过程被认为是整个模型的核心，其他部分往往作为背景对其产生影响。这些理论模型目前被广泛应用于网约车问题、雾霾问题、外卖员等社会议题或者群体的治理。在新闻传播研究中，国内学者彭兰认为，网络中的利益相关方包括作为管理者的政府部门、作为服务者的平台和个体化的网民。❸ 综合美国的行业自律路径和欧盟的法治主导路径，本章将利益共同体

---

❶ 劳伦斯·莱斯格. 代码2.0：网络空间中的法律［M］. 李旭，沈伟伟，译. 北京：清华大学出版社，2009：71.

❷ L M M. Networks and states: the global politics of internet governance［M］. Cambridge, MA: the MIT Press, 2010.

❸ 彭兰. 自组织与网络治理理论视角下的互联网治理［J］. 社会科学战线，2017（4）：168-175.

划分为四类，即政府部门、企业、行业组织和网民，后续研究中通过对不同主体进行深度访谈，试图探究不同主体在隐私保护中的诉求，从而寻求治理路径。

2.2.6　网络素养理论

根据对以往研究的梳理和整合，本书认为网络素养主要由数字素养和信息素养两大部分构成。数字素养通常在新媒体环境下展开讨论，但最早开始于媒介素养教育，其中以20世纪30年代的战争宣传和20世纪60年代英国和美国的广告崛起最为典型。❶ 而在当下，数字素养是指个人能够利用数字化平台输入和查找信息，能够对信息进行精准评估，并将信息消化和传达。数字素养主要包括个人的语法素养、计算机操作技能、生产文本和图像的能力。数字素养的研究也经历了变迁，最初专注于运用数字技能独立使用电子计算机，之后随着越来越多人使用互联网和社交媒体，研究焦点转移到移动设备上，如手机。需要说明的是，数字素养并不会取代传统的识字形式，而是在传统素养形式基础上扩大的技能❷，可以将其理解为知识途径的一部分。个人为独立评估数字和媒体信息，必须展示数字和媒体识字能力。蕾妮·霍布斯（Renee Hobbs）开发了一系列展示数字和媒介素养的技能列表。❸ 其研究主要应用在教育教学中。需要注意的是，数字社会语境下，素养的培育是跨学科的，个人需要在媒介、内容和技术上进行整合，这成为使用数字平台的前提条件，也是网民防止自身隐私信息被泄露的重要方式。基于数字身份的网络活动是网络治理的重要内容。在素养影响因素的研究中，年龄和教育水平是关键因素，其次是性别。❹ 数字鸿沟也是影响变量，可以基于韦伯的社会分层理论来理解，如发展中国家和发达国家、农村和城市、一线城市❺和非一线城市、年轻人与老年人等。数字素养是个人的权利，意味着网民在在线环境中言论自由和允许发表意

---

❶ BOYD D. It's complicated: the social lives of networked teens [M]. New Haven, Connecticut: Yale University Press, 2014.

❷ JENKINS H. Confronting the challenges of participatory culture: media education for the 21st century [M]. Cambridge, MA: the MIT Press, 2009.

❸ MARTENS H, HOBBS R. How media literacy supports civic engagement in a digital age [J]. Atlantic Journal of Communication, 2015, 23 (2): 120-137.

❹ VAN DEURSEN, A J A M, VAN DIJK, et al. Improving digital skills for the use of online public information and services [J]. Government Information Quarterly, 2009, 26 (2): 333-340.

❺ 一线城市一般指具有极大规模和极大国际影响力的国际级城市，如我国的北京、上海、广州、深圳。

见,这是人权和民主政治的重要根源,在这个过程中保护个人的隐私权就变得很重要,因此数字素养还意味着在线保护自身安全和履行责任的能力。2013年,荷兰开放大学(Open Universite Nederland)进一步将数字素养限定在十二个数字能力区域,主要有一般知识、功能技能、日常生活中使用、工作场所中创造性表达和更高级能力、不同媒介的沟通与合作、信息处理和管理、隐私和安全、法律和道德、对技术的均衡态度、理解和对信息通信技术(ICT)在社会中的作用的认识、学习和使用数字技术、数字技术的知情决定和自我效能。❶ 2019年年底新型冠状病毒肺炎(COVID-19)疫情爆发,许多线下活动转移到线上,数字素养的研究受到空前重视,对于Skype、Zoom、Cisco WebEx、Google Hoogouss等在线平台的研究增多。在欧洲,针对教育工作者的数字能力制定了解决和促进数字素养发展的框架,分为多个分支(包括专业参与、数字来源资源、教学和学习、评估、赋予和促进学习者的数字能力)。❷

信息素养更多的是指在网络中面对信息和处理信息的能力。1989年美国图书馆协会(ALA)信息素养总统委员会正式将信息素养(IL)定义为个人的属性,指出"一个人要具备信息素养,必须能够识别何时需要信息,并能对信息进行定位、价值评估和灵活使用所需信息"。❸ 1999年,英国学院、国立和大学图书馆协会(SCONUL)发布了"信息素养的七大支柱"模型,随后其他一些国家和地区的相关机构,如澳大利亚和新西兰信息素养研究所(ANZIIL)、欧洲信息素养网络(ENIL)、美国信息素养论坛(NFIL)等,陆续制定了信息素养标准。在具体教育实践上,沙博理(Shapiro)和休斯(Hughes)概述了一个"原型课程",其中包含计算机素养、图书馆技能和"更广泛的、更具人文主义色彩的批判性概念",提出了信息素养整体方法的七个重要组成部分:①工具素养,理解和使用与教育及个人期望的工作和生活相关的当前信息技术的实用和概念工具的能力;②资源素养,理解信息资源的形式、格式、位置和获取方式的能力,尤其是对日常扩展的网络化信息资源的

---

❶ NEUMEYER X, SANTOS S C, MORRIS M H. Overcoming barriers to technology adoption when fostering entrepreneurship among the poor: the role of technology and digital literacy [J]. IEEE Transactions on Engineering Management, 2020, 68 (6): 1-14.

❷ CERVI L, CALVO S T, TUSA F, et al. Digital literacy and higher education during COVID-19 lockdown: Spain, Italy, and Ecuador [J]. Publications, 2020, 8 (48): 1-17.

❸ STERN C, KAUR T. Developing theory-based, practical information literacy training for adults [J]. International Information & Library Review, 2010, 42 (2): 69-74.

理解能力；③社会结构素养，理解信息在社会发展中的定位和重要程度的能力；④研究素养，理解和使用与当今研究人员和学者的工作相关的基于信息技术（IT）的工具的能力；⑤出版素养，能够用文本和多媒体形式展示想要表达的思想内容，并能将它们引入电子公共领域和网络社群的能力；⑥新兴技术素养，不断适应、理解、评估和利用信息技术进行创新的能力，以免成为先前工具和资源的囚徒，并就采用新工具和资源作出明智的决定；⑦批判性素养，能够对信息技术的正负效应、人类社会的优势和劣势、潜力和限制、技术使用的收益和成本作出判断的能力。❶ 美国图书馆员协会（AASL）和美国电子协会（AECT）进一步将信息素养概括为3个类别、9个标准和29个指标，基于此给学生打分。其中，3个类别主要包含信息素养、自主学习和社会责任。同年，美国学校图书馆员协会和教育传播与技术协会发布了"学生学习信息素养标准"，确立了K-12学校的图书馆员和教师可以用9个标准描述学生的信息素养。❷ 2000年，美国大学和研究图书馆协会（ACRL）发布了"高等教育信息素养能力标准"，描述了5个标准和众多绩效指标。❸

以上对网络素养内容、影响因素及实践应用进行了梳理，明确了其在数字社会中参与网络空间活动的重要性。隐私和安全是网络素养的重要内容，本书试图通过对网民隐私认知的调查分析，梳理出隐私素养的框架标准，为走向隐私自主奠定基础。

2.3 文献综述

2.3.1 隐私的变迁与发展

从20世纪60年代起，关于隐私话题的讨论稳步增长，参与的主体众多，包括受欢迎的作家、新闻工作者，以及法律、哲学、心理学、社会学、文学、经济学和其他众多领域的专家。在西方传统的社会中，隐私通常被视为个人抵

---

❶ SHAPIRO J J, HUGHES S K. Information literacy as a liberal art [J]. Educom Review, 1996 (31): 31-35.

❷ CAFFARELLA E P. The new information literacy standards for student learning: where do they fit with other content standards? [J]. Academic Standards, 1998 (1): 5.

❸ LIBRARY A. Information literacy competency standards for higher education [J]. Teacher Librarian, 2000, 9 (4): 63-67.

制国家和商业行为者日益普遍的监视的一个方面。本节的讨论主要聚焦在隐私概念的变迁,即网络时代如何定义隐私、隐私的功能和重要性、中西方隐私差异等研究层面。

1. 传统隐私概念、功能与重要性

通俗来讲,隐私是个体有自由选择表达自己的能力,并能隔离自己或有关自己的信息。例如,当某物对某人来说是隐私的,通常意味着这件物品对他们来说很特别或者非常敏感。隐私与安全的概念是部分重合的,安全可以包括适当使用和保护信息。在商业环境下,个体可能愿意提供个人详细信息,包括广告信息,以便获得某种利益。再如,公众人物出于公共利益的要求,就要让渡自身的一部分隐私。但是这些隐私让渡,不管是自愿的还是非自愿的,都有可能带来个人信息或者个人身份被盗用。在社会层面,隐私作为一个现代社会的概念,其产生和发展与西方文化尤其是欧美文化密切相关。从法律的角度讲,隐私是一种权利,隐私自身也有追求完整性的特征,即个人有权不受政府部门、公司或他人的非法侵犯。隐私权是许多国家隐私法的一部分,在某些情况下也是宪法的一部分。1960年,威廉·普洛舍基于对美国300多件隐私相关的法律案例的研究,指出美国很大一部分州法院都通过多种方式认定了构成隐私权侵犯的各类情形,具体包括:①侵扰私人居所,干扰私人事务;②公布私密、令人尴尬的事实;③对某人进行虚假宣传;④对某人姓名和肖像的擅用(公开权)。❶ 在个人层面上,无监督行动自由被认为是个人自我发展的重要基础,因此隐私被概念化为自由主义人格的保护。综上可以看出,隐私概念的表达不仅具有深厚的社会文化内涵,还与客观环境密切相关。按照塞缪尔·D.沃伦(Samuel D. Warren)和路易斯·D. 布兰代斯(Louis D. Brandeis)的解释,隐私是个体不被打扰的权利,存在于"私人和家庭的神圣领域"。隐私通常指的是个人不愿被他人干预和侵犯的私密领域。❷ 这体现出隐私具有个人信息控制特征,也就是说隐私的核心不在于是否有人知道个人信息,而在于选择在什么时间和何种场合让谁知道。❸ 在我国,引用率较高的隐私概念来自三位学者:一是法学研究领域的王利明教授,他认为隐私是自然人享有的人格权,

---

❶ 约书亚·罗森伯格. 隐私与传媒 [M]. 马特,等,译. 北京:中国法制出版社,2012:29.
❷ 黄欣荣. 大数据、数据化与科学划界 [J]. 自然辩证法通讯,2018,40(5):6.
❸ 刘文杰. 社交网络上的个人信息保护 [J]. 现代传播(中国传媒大学学报),2015,37(10):133-136.

主要是对与公共利益无关的个人信息、私人活动和私有领域进行支配。❶ 在近年的研究中，他进一步明确了生活安宁是一种特殊的隐私权，包含多个层面，如住宅安宁、空间安宁、生活安宁和通信安宁。❷ 二是张新宝教授，他认为隐私包含自然人享有私人生活安宁和私人信息受到保护的权利，是不被他人非法入侵、打扰、知晓、搜集、利用和公开的一种人格权。❸ 三是魏永征教授，他认为隐私是个人有依照法律规定保护自己的隐私不受侵害的权利。❹ 整体来看，传统隐私的研究都侧重对私人领域和人格的保护，不管是权利说、商品说、控制说还是状态说，核心都是人。❺

从隐私的功能来看，其对私人领域的保护出于平衡社会矛盾的需要。美国对隐私的讨论从隐私权开始，主要为了协调政府与个人之间的矛盾，即个人独处、生活秘密、个人信息受到法律的保护。欧洲对隐私的讨论主要为了协调传媒与个体的矛盾，更多地服务于维护个体人格尊严❻，如《隐私与传媒》一书详细论述了英国新闻业报道自由和个人隐私保护之间的博弈。我国的《民法典》作为面向数字时代的法典，将隐私界定为自然人的私人生活安宁和不愿为他人知晓的私密空间、私密活动、私密信息，并对个人信息进行了说明。个人信息是以电子或者其他方式记录的能够单独或者与其他信息结合识别特定自然人的各种信息，包括自然人的姓名、出生日期、身份证件号码、生物识别信息、住址、电话号码、电子邮箱、健康信息、行踪信息等。其中，个人信息中的私密信息适用有关隐私权的规定；没有规定的，适用有关个人信息保护的规定。❼ 综合来看，隐私表现出两个层面的内涵：一是"隐"，即个人空间不被侵犯。社会空间往往被分为三种，即公共空间、私人空间和个人空间，个人空间往往能够推动高层次的思索和创造力产生❽，这也说明了保护个人空间对创

---

❶ 王利明. 人格权法新论 [M]. 长春：吉林人民出版社，1994：487.
❷ 王利明. 生活安宁权：一种特殊的隐私权 [J]. 中州学刊，2019（7）：10.
❸ 张新宝. 隐私权的法律保护 [M]. 2版. 北京：群众出版社，2004：12.
❹ 魏永征. 中国新闻传播法纲要 [M]. 上海：上海社会科学院出版社，1999：261.
❺ 宋素红，罗斌. 个人网络信息的隐私性及侵害方式——网络服务提供者收集和使用个人信息的性质分析 [J]. 当代传播，2016（2）：4.
❻ KESAN J P, SHAH R C. Setting software defaults: perspectives from law, computer science and behavioral economics [J]. Social Science Electronic Publishing, 2006, 82（2）：583-634.
❼ 百度百科. 中华人民共和国民法典 [EB/OL]. (2021-04-27) [2021-06-23]. https://baike.baidu.com/item/中华人民共和国民法典/19435116? fr=aladdin#2_5.
❽ 杨伯溆. 新媒体和社会空间 [J]. 青年记者，2008，16（11）：17.

意产业发展的重要性。二是"私",即私人信息不被泄露。在新闻传播领域,更多的是探讨隐私权与言论自由的关系,因为通常来看,表达自由是民主发展和社会文明的基石之一,是社会进步和个体发展的基本条件。❶

全球范围内对隐私的关注与隐私的重要性密切相关。就场合而言,在竞争情况下需要保护隐私;为避免尴尬,需要保护隐私;医疗保密是因为可能会影响工作或者婚姻;保险类的工作需要接受调查,这是因为隐私与信用相关;新闻报道中公众人物隐私泄露会影响其未来发展。❷ 隐私不仅在特殊情况下具有重要作用,在许多常见和不显著的情况下也一样。人们想与不同的人维持社会关系,隐私是必要的,因为每个人都有自己的社会角色,在工作场所、家庭生活和独处的时候表现不一样,所以有必要保护隐私,而且往往不同的行为表现反映了不同的关系。❸《隐私与自由》一书中对隐私的重要性进行了概括:①自治,隐私最终要使个人免受其他人的操纵或控制;②情绪释放,隐私要能够为个体提供各种情绪释放的方式;③自我评价,隐私保证个体在各种事件中展示自己的独特个性;④限制和保护交流,隐私能够为共享秘密和亲密关系的维持提供机会。❹ 总的来说,隐私可以理解为发展自我认同感的前提。欧文·奥特曼(Irwin Altman)认为隐私有助于帮助定义自我。此外,隐私可以被视为一种促进个人成长的状态,这是自我认同发展不可或缺的过程。❺ 海曼·格罗斯(Hyman Gross)认为,如果没有隐私权(孤独、匿名和社交角色的暂时释放),个人将无法自由表达自己,也无法进行自我发现和自我批评。❻ 这种自我发现和自我批评有助于人们对自我的理解,形成个人认同感。莱斯利·里根·谢德(Leslie Regan Shade)认为,隐私权对于有意义的民主参与必不可少,并确保了人的尊严和自治。隐私取决于信息分发的规范及是否适当,是否侵犯隐私取决于上下文语境。联合国《人权宣言》提到:"人人都有发表见解和言论自由的权利;这项权利包括在不受干涉的情况下持有见解以及通过任何

---

❶ 约书亚·罗森伯格. 隐私与传媒 [M]. 马特,等,译. 北京:中国法制出版社,2012:86.
❷ 王骁,李秀娜. "周一见"事件引发的公众人物隐私权思考 [J]. 新闻界,2015 (11):5.
❸ RACHELS J. Why is privacy important? [J]. Philosophy & Public Affairs, 1975, 4 (4):323-333.
❹ CARLSON R B R O. Privacy and freedom by Alan F. Westin [J]. Public Opinion Quarterly, 1968, 32 (2):321-322.
❺ ALTMAN I. The environment and social behavior: privacy, personal space, territory, and crowding [M]. Monterey Calif.: Brooks/Cole Pub. Co., 1975.
❻ KUFER J. Privacy, autonomy, and self-concept [J]. American Philosophical Quarterly, 1987, 19 (1):89.

媒体寻求、接受和传播信息和思想的自由。"[1] 谢德（Shade）认为，必须从以人为本的角度而不是通过市场来处理隐私。因此，在网络化个人主义的环境下，研究隐私也就具备了重要意义。我国《民法典》将隐私权列入人格权篇，体现出其对个人成长自由的重视。一般来讲，人格权作为利益的现实载体，体现为三个层次：第一层次为物质情境下的人格利益，以人身利益保护为核心，包括人的生命、健康和身体机能的安全利益；第二层次为社会情境下的人格利益，它是个体与他人或社会发生联系的需求，具体包含标志需求（姓名、名称、肖像），评价需求（名誉、荣誉、隐私），感情需求（相安、相爱、相属）及发展条件需求（机会平等）；第三层次为心理情境下的人格利益，以人的精神活动为核心，包括但不限于情绪的平稳、意志决定的自由、表达的自由等。[2] 此外，隐私的重要性还体现在对亲密关系的保护。[3] 因此，隐私是人类的基本需求。总的来说，在现代社会，隐私的重要性不仅体现在安全层面，更是一项固有的人权，是维护人的尊严和尊重的条件的要求。隐私很重要，如果没有隐私，监视信息将被滥用、窥视、出售给营销商及用于监视政治敌人。隐私还为创造力、心理健康、爱的能力、建立社会关系及促进信任、亲密和友谊界定了一个领域。从伦理哲学的角度来看，个性是隐私存在的主体哲学基础，人类社会进步的重要标志之一就是整齐划一的方面越来越少，个性化的内容增多，社会环境能够给予个人的空间在增大，让人的社会存在和社会价值得到充分发挥。

2. 网络隐私概念、功能与重要性

隐私是具有张力的概念，内涵和外延一直在变化。数字时代，隐私保护范围在扩大，这意味着隐私侵犯界定的难度加大，隐私保护难度提高。[4] 随着互联网的发展，传统空间与虚拟空间并存成为一种新形态，隐私的构成、概念、内涵和外延也发生了变化。因此，有学者指出，隐私作为一个不断发展变化的概念，与技术进步和技术特征密切相连。[5] 网络空间的隐私权不仅拥有其独有

---

[1] ETZIONI A. The privacy merchants: what is to be done? [J]. Social Science Electronic Publishing, 2012（4）：929.

[2] 赵万一. 民法的伦理分析 [M]. 北京：法律出版社，2012：312.

[3] 马克斯·范梅南，巴斯·莱维林. 儿童的秘密：秘密、隐私和自我的重新认识 [M]. 陈慧黠，曹赛先，译. 北京：教育科学出版社，2004.

[4] 吴卫华. 个人隐私保护的伦理反思与体系建构 [J]. 中州学刊，2019（4）：166-172.

[5] 查德·A. 波斯纳. 论隐私权 [M]. 中国香港：金桥文化出版社，2001：345-381.

的特征，还往往被视为一系列相关概念的集合。❶ 网络隐私涉及隐私的权利或授权，涉及通过互联网存储、使用、提供给第三方及显示与自己有关的信息。网络隐私是数据隐私的一个子集，从大规模计算机共享开始就已经明确表达了对隐私的关注。因此，在讨论隐私概念之前，必须弄清其与个人信息（personally identifiable information，PII）的区别和共性。美国是隐私和个人信息一元化的代表，从1890年沃伦（Warren）和布兰代斯（Brandeis）在《论隐私权》一文中首次提出隐私权以来，隐私一直被认为是个体独处的权利，突出私人空间的重要性，后续关于隐私权的研究，相当长时间聚焦在私人领域。❷ 美国的隐私权范围从独处的权利扩展到姓名、名誉、肖像等，私密决定和思想自由也被囊括其中，如个人使用避孕方式的自由。伴随着信息技术的发展，20世纪70年代以来，美国依据判例形成了"自治性隐私权"（right to decisional privacy）、"物理性隐私权"（right to physical privacy）和"信息性隐私权"（right to informational privacy）的三分法。其中，信息性隐私权是指个人所享有的对其信息获取、披露和使用予以控制的权利。在之后互联网的发展中，信息性隐私权日益重要，甚至成为隐私权的核心内容，而个人信息成为立法的基础，代表性的法律包括《个人隐私和国家信息基础设施：个人信息的使用和提供原则》（*Information Infrastructure Task Force：Principles for Providing and Using Personal Information*）、《儿童网络隐私法》（*Children's Online Privacy Act*）、《用于经济和临床健康的健康信息技术法案》（*Health Information Technology for Economic and Clinical Health*）、《录像带隐私保护法》（*the Video Privacy Protection Act*）等。欧洲进一步将个人信息和隐私进行了区分，主要体现在以下四个方面：一是二者权利客体不同，个人信息外延相当宽泛，包括已识别和可识别的信息，但并非所有的数据信息都要纳入隐私范围；二是权利主体不同，法人可以是隐私权的主体，但却不能作为个人信息的主体；三是义务主体不同，隐私权作为人权往往用来对抗公权力，限制政府行为，就个人信息保护而言，自然人、法人、公共机构、规制机构或其他行业组织均需要履行对应的义务；四是权利限制不同，隐私权的干预体现在国家安全利益和社会福祉的考量，个人信息的干预主要结合其社会功能。我国隐私和个人信息问题经历了从一元到二元的变迁，在

---

❶ 贺德方，等. 数字时代情报理论与实践［M］. 北京：科学技术文献出版社，2006：162，377.
❷ SAMUEL W，LOUIS B. The right to privacy［J］. Harvard Law Review，1890（4）：193-220.

《民法典》和《网络安全法》颁布之前，我国司法的相关判例主要将个人信息的侵犯划归为隐私侵犯，体现了二者的一元属性。《民法典》将隐私和个人信息都纳入人格权，并对二者进行区分说明。其中，第993条指出，隐私权依其私密性的本质，无法许可他用，而在大数据背景下个人信息具有有价性和可处分性，可以进行商业利用。二者存在交叠之处，即私密信息，所以在我国隐私和个人信息（主要是敏感信息/私密信息）是交叉嵌套关系，具体如图2.3所示。也有研究者认为，私密信息的主观条件是不愿意被他人知晓，客观条件是信息的私密性。❶《网络安全法》《民法典》和《个人信息保护法》中个人信息的定义被进一步明晰，"已识别"与"可识别"相结合的定义模式成为共识。❷ 在此基础上，有学者对个人信息和隐私交叠部分的私密信息进行了阐释，认为隐私属于个人信息，但要把握隐私中的"隐"与"私"两层含义，于是私密信息就具备了识别性、秘密性和私人性的特征。❸ 但不管是美国、欧盟还是中国，一个共识就是信息隐私变得越来越重要，成为网络隐私的重要构成，但隐私概念的发展也一定程度上推动个人信息保护成为一种概念，即"可识别个人"的信息。北京大学法学院教授王锡锌认为，《个人信息保护法》落地的关键在于走出"告知-同意"的困境。❹ 保罗欧姆（Paulohm）等立足于风险防范视角，认为敏感信息的判定应该遵循四个标准，即伤害的可能性、诱发伤害的概率、是否存在信任关系、是否被多数人关心风险，因此对敏感信息进行强化和分级分类保护是必要的。❺ 根据全国信息安全标准化技术委员会2021年12月发布的《网络安全标准实践指南——网络数据分类分级指引》，个人信息主要分为个人基本资料，个人身份信息，个人生物识别信息，网络身份识别信息，个人健康生理信息（健康状况、个人医疗信息），个人教育工作信息（个人教育信息、个人工作信息），个人财产信息（金融账户信息、个人交易信息、个人资产信息、个人借贷信息），身份鉴别信息，个人通信信息，

---

❶ 许可，孙铭溪. 个人私密信息的再厘清——从隐私和个人信息的关系切入 [J]. 中国应用法学，2021（1）：3-19.

❷ 杨楠. 个人信息"可识别性"扩张之反思与限缩 [J]. 大连理工大学学报（社会科学版），2021，42（2）：98-107.

❸ 张璐. 何为私密信息？——基于《民法典》隐私权与个人信息保护交叉部分的探讨 [J]. 甘肃政法大学学报，2021（1）：86-100.

❹ 殷继. 专家热议：个人信息保护与数据治理的挑战及应对 [EB/OL]. （2021-05-26）[2021-05-30]. https://mp.weixin.qq.com/s/M2x1nXgcVZHyKpKfiu5tZA.

❺ 张勇. 敏感个人信息的公私法一体化保护 [J]. 东方法学，2022（1）：66-78.

联系人信息,个人上网记录(个人操作记录、业务行为数据),个人设备信息(可变更的唯一设备识别码、不可变更的唯一设备识别码、应用软件列表),个人位置信息(粗略位置信息、精确位置信息),个人标签信息,个人运动信息及其他个人信息(性取向、婚史、宗教信仰、未公开的违法犯罪记录等)。而个人敏感信息主要包括特定身份信息、生物识别信息、金融账户、医疗健康信息、行踪轨迹、未成年人个人信息、身份鉴别信息和其他个人敏感信息。❶ 可以看出,识别性是个人信息的显著特征,私密性则是指隐私中的私密性。❷ 个人信息和个人数据的区分是数字时代研究隐私的大前提,网络空间中个人信息以个人数据为载体呈现,个人数据经过处理才能成为个人信息。总体看,个人信息和个人数据概念边界趋同,因此对个人信息的结构化和非结构化处理是研究的重点。❸

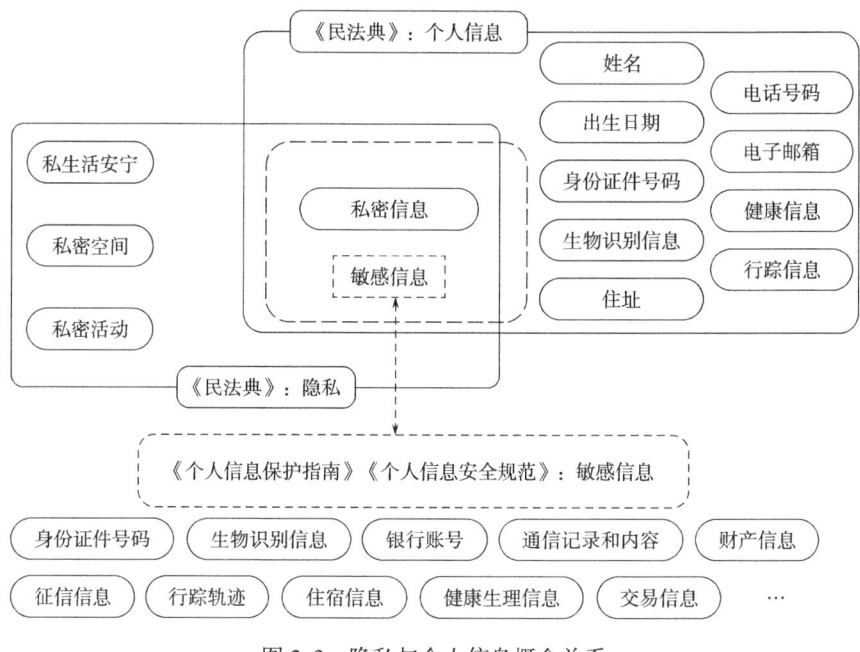

图 2.3 隐私与个人信息概念关系

---

❶ 网络安全标准实践指南——网络数据分类分级指引[EB/OL].(2022-01-03)[2022-05-30]. https://mp.weixin.qq.com/s/QLloLRMeat4iPWVRLf_5Nw.

❷ 高富平. 论个人信息保护的目的——以个人信息保护法益区分为核心[J]. 法商研究,2019,36(1):12.

❸ 姜盼盼. 大数据时代个人信息保护研究综述[J]. 图书情报工作,2019,63(15):9.

传统隐私的定位是限制对信息的访问，但互联网的本质是共享，因此法律理论家朱莉·科恩（Julie Cohen）认为，传统的隐私法律模型是基于个人行为的简单模型，建立网络隐私（internet privacy 或者 networked privacy）模型非常重要。马威克（Marwick）等运用深度访谈的方法建构了网络隐私模型，认为社交媒体中的隐私不能完全由个人维护和建立，因为它并不完全取决于个人的选择或对数据的控制。网络环境是通过用户、技术机制、法律法规和行业规范的组合确定的，实现隐私要求人们在塑造解释信息的环境中具有理解力和影响力，这可以通过共同构建系统的体系结构完成，也可以通过将含义和上下文嵌入内容本身完成。❶ 从网络隐私模型来看，边界是讨论的焦点之一，相应地也引起了隐私概念界定的变化。传统观念中，人们是一分为二看待隐私的，因为社会领域被分为公共领域和私人领域，处在公共领域意味着放弃隐私。❷ 新媒体的到来打破了公共领域和私人领域的界限，隐私信息的参与主体包括个人、团体、组织和社会，这意味着信息隐私的研究需要考虑与其他结构之间的关系及这些关系的上下文性质。❸ 因此，需要在具体的社会/技术情境下分析隐私。❹ 也有研究称之为上下文语境❺，并对语境进行梳理，为政策和法律的提出指明方向。在此基础上，有学者对网络隐私与场景展开了研究。美国教授尼森鲍姆（Nissenbaum）提出"场景"一词，并指出，收集个人信息时原始的具体语境应得到重视，其后续传播及利用不得超出原初的语境和场景。他将影响用户对个人信息利用的敏感程度的因素统称为"信息场景"（data context）。例如，对于新冠疫情的流调信息而言，用户的个人信息调查应仅限于疫情相关场景，超出和疫情话题相关的讨论（如对涉疫人员家庭、工作情况等的过度揣测）则可被理解为引起用户不适的"信息场景"。❻ 可以看出，场景正在成为判断网络隐私侵犯与否的重要标准。苏珊·巴恩斯（Susan Barnes）使用"隐私悖

---

❶ MARWICK A E. Networked privacy：how teenagers negotiate context in social media [J]. New Media & Society, 2014, 16 (7)：1051-1067.

❷ DANIEL J S. The future of reputation：gossip, rumor, and privacy on the internet [M]. New Haven：Yale University Press, 2007.

❸ SMITH H J, DINEV T, XU H. Information privacy research：an interdisciplinary review [J]. MIS Quarterly, 2011, 35 (4)：989-1015.

❹ KÖNIG R, UPHUES S, VOGT V, et al. The tracked society：interdisciplinary approaches on online tracking [J]. New Media & Society, 2020, 22 (11), 1945-1956.

❺ 同❶.

❻ 张宇栋, 王奇, 刘奕. "后疫情时代"社区治理中的个人数据应用：问题与策略 [J]. 电子政务, 2021 (2)：84-96.

论"（privacy paradox）一词来指代社交媒体上私人空间和公共空间之间边界模糊。与老年人相比，年轻人担心隐私泄露却倾向于在社交媒体上披露更多信息。❶ 边界的模糊在物联网应用领域变得尤为明显。以社交机器人为例，由于其移动性，与其他技术相比，它可以更轻松地访问私人区域，如卧室和浴室。这增加了与技术相关的隐私挑战的复杂性。因此，网络隐私被概念化为"与个人的思想、观念和行为有关的状态"，主要包含四个方面的内容，即信息隐私（informational privacy）、心理隐私（psychological privacy）、社交隐私（social privacy）和物理隐私（physical privacy）❷，基于场景的隐私保护通常与这四类隐私侵犯密不可分。以上四种隐私关注的焦点见表2.3。伴随大数据挖掘技术的发展，顾理平教授认为整合型隐私是数字时代隐私的新类型，其产生需要两个条件：一是网民个体的数字化痕迹，二是基于大数据挖掘形成有规律可循并能带来商业价值的信息。❸

表2.3 四种隐私类型关注的焦点

隐私类型	关注的焦点
信息隐私	数据、敏感数据、安全、第三方、云计算、透明度、信息收集的知情权
心理隐私	心理依赖性、自主性、隐私担忧、寒蝉效应（chilling effect）
社交隐私	人和人、人和机器人的连接、信任和影响
物理隐私	私人空间的可接近性与不可接近性、不舒服的交往距离

在网络隐私影响因素的研究方面，隐私担忧（privacy concern）的研究较为普遍，信息收集者的身份（组织还是个人，政府还是企业）及收集意图影响用户的隐私担忧。例如，如果没有披露任何有关意图的信息，则受访者会提出负面意图，同时强调了以易于理解的方式向用户披露数据使用意图的重要性。❹ 伴随数据商用的发展和个人主体意识的崛起，隐私担忧成为技术使用和接受的重要因素。根据拉尼尔（Lanier）和赛尼（Saini）的分析，影响个体隐私担忧的因素主要有三种：①收集，受访者希望被收集者告知其个人信息的收

---

❶ BARNES S B. A privacy paradox: social networking in the United States [J]. First Monday, 2006, 11 (9): 5.

❷ LUTZ C, MAREN S, HOFFMANN C P. The privacy implications of social robots: scoping review and expert interviews [J]. Mobile Media & Communication, 2019, 7 (3): 412-434.

❸ 顾理平. 整合型隐私：大数据时代隐私的新类型 [J]. 南京社会科学, 2020 (4): 7.

❹ OULASVIRTA A, et al. Transparency of intentions decreases privacy concerns in ubiquitous surveillance [J]. Cyberpsychology, Behavior and Social Networking, 2014, 17 (10): 633-638.

集和使用情况；②控制，受访者希望对个人信息的收集和收集者之间的信息共享具有一定的控制权；③安全性，大多数受访者希望确保他们提供给收集者的个人信息，尤其是在线信息，以及这些信息的存储是安全的、不被滥用的。[1] 有学者结合网络技术特征对隐私影响因素展开了研究。信息访问权限的隐私可以通过法律技术解决，但是具有社会意义的行为隐私却是极其难识别和保护的，这意味着在物联网时代影响隐私的因素更加多元。汉考克（Hancock）等将影响隐私的因素分为三类：一是人类因素，包括个体认知能力和人口统计学因素；二是设备因素，主要与设备以往的表现和设备的属性有关，如个性、适应性、类型、拟人性、接近性等；三是环境因素，这与团队特征和任务类型相关。[2] 此外，风险感知、数据处理和个人隐私概念之间的联系也对隐私保护行为产生影响。[3]

网络隐私的重要性体现在，在信息社会，隐私问题不再单纯地附着于二元关系中，而是处在用户、政府和平台的三维关系中，脱离网络隐私数据的挖掘，数字社会的发展将受到极大影响。这与平台作为新权力的崛起密切相关[4]，因此目前主要从网站隐私声明、经济价值、国家安全、具体形态、物联网隐私价值等角度展开研究。有学者通过田野调查探索隐私声明和隐私图章（privacy statements and privacy seals）的价值，发现隐私声明的存在促使更多的主体公开其个人信息，而隐私图章则没有。货币一定程度上对信息披露具有积极影响，而信息请求对信息披露具有负面影响。[5] 经济学家关注隐私披露的经济价值和后果，目前虽然没有隐私经济学理论，但在经验上，保护隐私既可以增强又可能损害个人和社会福利，在数字经济中则可能严重妨碍消费者作出有关其隐私的明智决定，因为消费者通常在何时收集数据、出于何种目的及产生

---

[1] LANIER C D, SAINI A. Understanding consumer privacy: a review and future directions [J]. Academy of Marketing Science Review, 2008, 12 (2): 1-13.

[2] HANCOCK P A, KESSLER T T, KAPLAN A D, et al. Evolving trust in robots: specification through sequential and comparative meta-analyses [J]. The Journal of the Human Factors and Ergonomics Society, 2020, 63 (7): 18720820922080.

[3] RAUHOFER J. Privacy is dead, get over it! Information privacy and the dream of a risk-free society [J]. Information & Communications Technology Law, 2008, 17 (3): 185-197.

[4] 雷丽莉. 权力结构失衡视角下的个人信息保护机制研究——以信息属性的变迁为出发点 [J]. 国际新闻界, 2019, 41 (12): 27.

[5] HUI K, TEO H, LEE S. The value of privacy assurance: an exploratory field experiment [J]. MIS Quarterly, 2007, 31 (1): 19-33.

何种后果的信息上处于不对称的位置。❶ 汉娜·克拉斯诺娃（Hanna Krasnova）等尝试以货币的形式衡量隐私的价值，并基于社交网络平台对无关的社交者、关注控制的社交者和关注隐私的人三组群体展开调查，为网络提供商基于不同群体的需求来提供多样化的解决方案提供参考。❷ 个人数据的隐私分配一定程度上体现了个体对数据的赋值，这对企业和公共政策的制定都至关重要。❸ 还有研究发现经济激励措施（金钱奖励和未来便利激励）确实会影响个人对具有不同隐私政策的网站的偏好。例如，禁止二次使用个人信息的价格为39.83~49.78美元。出乎意料的是，成本效益的权衡并没有随个人特征（包括性别、背景知识、个人主义和信任倾向）而变化。❹ 对企业来说，可以以隐私保护为卖点。❺ 对国家来说，隐私的减少可能会降低机构的安全性，并可能增加基础设施成本。❻ 日益频繁的隐私入侵也给国家之间的矛盾产生提供土壤。❼ 从理论上讲，构建隐私价值取决于个人喜好、能力和与上下文相关的社会意义。对年轻群体在线隐私的经验研究发现，隐私的价值体现在四个方面，即上下文、社会关系、表现结果和辩证视角。❽ 在具体隐私数据层面，丹·克夫切克（Dan Cvrcek）等对五个欧盟国家1200多人的个人位置隐私数据价值进行了抽样调查，结合实验心理学和经济学工具，发现在学术使用和商业应用上存在差异。❾ 物联网环境下，硬件和软件的组合成为常态，信息价值和隐私成本

---

❶ ACQUISTI A, CURTIS T, LIAD W. The Economics of privacy [J]. Journal of Economic Literature, 2016, 54 (2): 442-492.

❷ KRASNOVA H, HILDEBRAND T, GÜNTHER O. Investigating the value of privacy in online social networks: conjoint analysis [C]. International Conference on Information Systems, DBLP, 2009.

❸ ACQUISTI A, LESLIE J, et al. What is privacy worth? [J]. The Journal of Legal Studies, 2013, 42 (2): 249-274.

❹ HANN IL-HORN, HUI KAI-LUNG, LEE T, et al. Online information privacy: measuring the cost-benefit trade-off [C]. ICIS 2002 Proceedings, 2002.

❺ CRANOR L F, EGELMAN S, TSAI J Y, et al. The effect of online privacy information on purchasing behavior: an experimental study [C]. Proceedings of the International Conference on Information Systems, Montreal, Quebec, Canada, 2007.

❻ ASAI R, KAVATHATZOPOULOS I. The paradoxical nature of privacy [C]. Asian Privacy Scholars Network 2nd International Conference, 2012.

❼ RAUHOFER J. Privacy is dead, get over it! Information privacy and the dream of a risk-free society [J]. Information & Communications Technology Law, 2008, 17 (3): 185-197.

❽ STEEVES V, REGAN M P. Young people online and the social value of privacy [J]. Journal of Information, Communication and Ethics in Society, 2014, 12 (4): 298-313.

❾ CVRCEK D, KUMPOST M, MATYAS V, et al. A study on the value of location privacy [C]. Proceedings of the 2006 ACM Workshop on Privacy in the Electronic Society, Alexandria, VA, USA, 2006.

成为未来衡量隐私价值的重要方向。❶ 以射频隐私（RFID privacy）为例，标签和技术必须足够简单、安全，以在零售店实施和消费者信任并大规模使用它们之前确保个人数据的私密性。❷ 总体来看，网络隐私的价值与隐私的商业化密切相关。消费文化是一种源于人类追求自我欲望满足的快感文化，可以说，消费社会的发展为社会文化打上了商品属性。需要警惕的是，物质动因和需求市场正带来网络隐私的异化。❸

3. 隐私概念变化背后的社会变迁

就隐私概念的变迁而言，其背后折射出不同文明的变迁。在远古时代，人们出于本能用树叶等遮蔽身体。在农业文明时期，聚居的生活空间形成熟人社会，人们分享隐私，但不会大范围传播，这个阶段的隐私体现为身体隐私。工业化的发展、城市化进程的加速使得人们的生活开始脱离原始地域的限制，人们对私密空间、生活不被打扰、个体尊严产生了期待，这意味着人们隐私意识的崛起，对自主行动的追逐开始。这个阶段的隐私体现在对私人空间的追逐。网络的发展打破了时间和空间的限制，数据的收集、使用和存储成为常态。可以说，传统静态隐私主要体现在对身体隐私和空间隐私的追求，而网络时代对隐私的关注聚焦在动态的信息隐私。❹ 伴随大数据的发展，数据隐私成为学者重点关注的对象。有研究者结合自然人、数据和隐私的概念，认为数据隐私是以个人数据形式记录或以数字方式描绘的自然人的私人生活安宁，还包括不愿为他人知晓的私密空间、活动和信息。数据隐私权是自然人享有其数据隐私依法受到保护的权利，是不被他人非法侵袭、打扰、了解、搜集、利用和公开等的一种人格权。❺

从造成隐私观念变迁的原因来看，以跨国公司为主体的全球化借助媒介技术（如广播、电视、电话、新媒体等）逐步影响家庭和传统社区，推动个人

---

❶ DAMLA T, LADISLAU B, et al. Value of information and cost of privacy in the internet of things [J]. IEEE Communications Magazine, 2017, 55（9）：62-66.
❷ OHKUBO M, SUZUKI K, KINOSHITA S. RFID privacy issues and technical challenges [J]. IEEE Engineering Management Review, 2007, 35（2）：51.
❸ 明卫红. 隐私与偷窥的文化研究 [M]. 南京：南京大学出版社，2014：27.
❹ 杨建国. 大数据时代隐私保护伦理困境的形成机理及其治理 [J]. 江苏社会科学，2021（1）：142-150，243.
❺ 盛小平，焦凤枝. 法律法规视角下的数据隐私治理 [J]. 图书馆论坛，2021（6）：1-15.

主义的崛起和消费社会的到来。❶ 西方全球化的进程早于我国，因此个人主义特征更加显著。互联网的到来打破了时间、空间的界限，推动了网络化个人主义的到来。巴里·威尔曼（Barry Wellman）提出了"网络化个人主义"概念来描述三重革命（社交网络革命、互联网革命、移动革命）下人们社会交往方式的变迁，并进一步把这一概念发展成为当代的"新型社会操作系统"，基于此形成了新媒体传播时代社会研究的微观范式。它以个人为联系单位，不断调适媒介互动，形成以个人为特征的全球化本土化。网络化个人主义理论视角下的社会秩序既不同于传统社会的运行体系，也不同于家庭或邻里紧密联结的传统社群结构，而是以社会网络的形式展现。个人不再嵌入群体之中，而是处于整体的社会网络之中，每个人都是自己多元社会网络的中心，同时又是他人社会网络的一环，在这其中可以自由切换。在这样的情境中，个体的社会交往不再基于群体展开，而是个体与个体之间的网络化联系，个体主动性突出，有更大的自主权和选择权，个人主义更加彰显。传统的邻里社区逐渐被基于互联网和手机等新媒介技术形成的新型社区所取代，在新的社区形态下，网络化个人主义成为新型社区和社会运行的法则，也带来对隐私和透明度的新期待。❷ 从社区研究的角度看，网络化个人主义理论的发展大致经历了三个阶段：第一阶段，传统社区研究视角的社会网络化转向；第二阶段，网络社区的研究采用社会网络分析的方法，促进了网络化个人主义的发展；第三阶段，新媒介技术拓展和丰富了网民个体的社会网络，新型社区形成，网络化个人主义最终成为社会操作系统。把握网络化个人主义理论的发展脉络对新媒体时代的社会问题、社会现象研究具有重要意义。❸ 正如杨伯溆教授所言，对隐私研究而言，需要理解网络化个人主义形成的社会操作系统，随着个人自主性的增加，隐私自主成为破解数字时代隐私保护的重要思想理念，因此理解数字时代的隐私观念是隐私保护的重要一环，由此也才能真正推动隐私自主。

研究隐私的社会变迁的意义还体现在，隐私的文化语境是跨国公司产品隐私政策考量的重要因素，有助于理解隐私观念的社会变迁。网络的深入发展使网络空间不仅成为信息传播的载体，更是人类工作和生活的空间。网络空间与

---

❶ 杨伯溆. 全球化：起源、发展和影响 [M]. 北京：人民出版社，2002：20.
❷ 李·雷尼，巴里·威尔曼. 超越孤独：移动互联时代的生存之道 [M]. 杨伯溆，高崇，等，译. 北京：中国传媒大学出版社，2015：103.
❸ 同❷47.

城市交通网、地铁网、金融网等高度融合是物联网社会的初步形态,当网络空间进一步扩张时,传统社会的要素向网络空间转移,意味着传统的隐私权、平等权、民主权等基本价值将面临挑战。前文对从传统隐私到网络隐私的概念进行了梳理,而要进一步理解隐私,则需要从其文化渊源入手。隐私在大多数国人眼里是一个外来概念,因此目前学者主要从跨文化传播角度阐释中西方隐私差异。在美国文化中,个人的经济收入、家庭背景和出身、婚恋历史、年龄、宗教信仰、日记、私人信件、家庭关系、夫妻生活、好友关系等统统被视为隐私,因此他们对"私有"格外重视,其核心更多的是让个体免于政府干预。在西方文化中,隐私是维护贵族尊严和体面的说辞,但伴随社会逐渐平等化,隐私不再是精英群体的话语。中国语境中涉足他人私生活领域则往往被视为关心,如询问他人"你吃过饭了吗""你结婚了吗"。中国传统文化认为隐私是群体性的,具有公众性和集体主义的特征,圈内人之间不必太强调个人隐私,否则意味着疏远。但在美国等西方国家的文化观念中,人们通常认为隐私是维护个人独立性和体现自我存在价值的表现,具有强烈的自我意识,更是与公权力抗衡、争取自由的方式。❶欧洲将隐私视为人格尊严,并采取措施防止大众媒体过度侵入私人空间。❷中西方对隐私的定位不同,中国人认为隐私是一个私密的世界❸,西方人则认为有关个人的信息都可以称为隐私,导致二者保护隐私的目的不同。中国人保护隐私出于对"家"或者集体文化的维持,因此在中国传统社会中,隐私是非常宽泛的概念。在具体手段上,中国人通过优化建筑空间来保护隐私,西方人则通过社会公约进行隐私保护。究其根本,隐私与人们所处的社会文化环境密切相关。西方国家往往地广人稀,个人拥有的空间相对较大;中国人口密度大,倡导家族生活,个人拥有的空间相对较小。❹因此,有研究者认为,隐私与人口密度密切相关。❺

隐私还与社会制度有关。在封建社会,皇帝的政治活动、饮食起居、个人喜好、健康状况都被看作国家的最高机密,其私人生活空间被高度神秘化,皇

---

❶ 刘立娥. 关于中西文化的隐私观差异研究 [J]. 中国市场, 2008 (39): 94-95.

❷ WHITMAN J Q. The two western cultures of privacy: dignity versus liberty [J]. The Yale Law Journal, 2004 (6): 1221.

❸ 吴飞, 孔祥雯. 智能连接时代个人隐私权的终结 [J]. 现代传播 (中国传媒大学学报), 2018, 40 (9): 25-31.

❹ 翟石磊, 李灏. 隐私与跨文化交际 [J]. 大连大学学报, 2007 (5): 118-121.

❺ 何道宽. 简论中国人的隐私 [J]. 深圳大学学报 (人文社会科学版), 1996 (4): 82-89.

帝的隐私几乎没有限度,这是由封建专制制度所决定的。在封建专制主义的社会语境下,对个人隐私的漠视和排斥有其内在的文化基因。

福柯(Foucault)在《规训与惩罚——监狱的诞生》中分析了著名的圆形监狱结构模式,他认为所谓的圆形监狱是指所有的囚室以环状结构排列,环形的中心是一座监视塔,狱卒能随时随地监视犯人的一举一动。其实这里的圆形监狱是一个隐喻,是说在监视与被监视的过程中,监视者代表了一种权利,而现实生活中这种权利的隐蔽形式就是社会规范和习俗,体现着一种权力操作逻辑,通过看与被看区分出主体与客体、理性与非理性。例如,公共场所作为生活设施的基础,也是社会治理的关键空间。基于福柯的圆形监狱(超级全景监狱)理论,如公共场所的摄像头,是社会治理、维护安全的必要手段,但如果数据不能妥善保存,公民的隐私侵犯则是令人担忧的,因此需要平衡公共利益与个人利益。❶

全球化进程中,隐私与媒介技术属于双向驯化的过程,不同媒介时代人们分享隐私的方式和取向不同。在印刷媒体时代,中介化的隐私是典型呈现状态,隐私的展示和窥探处于分离状态,不管是新闻报道还是文学作品,都有专业人士作为把关人对其内容进行加工;在广播电视时代,随着真人秀的发展,以及画面信息日益丰富,受众在一定程度上开始扮演观察者的角色;在社交媒体时代,个人分享成为可能,但无意识的分享行为带来隐私泄露,隐私保护面临困境。❷ 随着数据挖掘技术的发展,公民隐私出现了新的类型,即整合型隐私。基于个体的网络痕迹有规律生成,加上社交媒体便于网民分享及满足个体的表达欲、窥探欲,隐私信息的扩散变得更加便利,一定程度上也在帮助企业和政府进行数据预测;对社会治理而言,则意味着"超级全景监狱"的形成,个体几乎是透明人。❸ 随着消费社会的到来,网络隐私的价值进一步凸显,网站、平台、黑客收集个体的数字化痕迹,不仅带来个体信息泄露,还使得广告投放更加精准,久而久之就会使公众更倾向选择自己喜欢的东西和使自己愉悦的传播内容,产生"信息茧房"效应。因此,理解信息隐私观念对于

---

❶ 顾理平, 王飏瀿. 社会治理与公民隐私权的冲突——从超级全景监狱理论看公共视频监控[J]. 现代传播(中国传媒大学学报), 2017, 39(6): 34-38.
❷ 殷乐, 李艺. 互联网治理中的隐私议题:基于社交媒体的个人生活分享与隐私保护[J]. 新闻与传播研究, 2016, 23(z1): 69-77.
❸ 杨建国. 大数据时代隐私保护伦理困境的形成机理及其治理[J]. 江苏社会科学, 2021(1): 142-150, 243.

全球化来说至关重要。

在此基础上，笔者将研究问题进一步细化如下：

1）从传统隐私到网络隐私，隐私概念发生了怎样的变化？
2）在全球化与社会变迁视角下如何理解这种变化？

2.3.2 隐私观念的呈现与阐释

前文已提及，新媒体的到来打破了时间和空间限制，我们需要重新理解，作为网络社会治理的前提，网络空间的中国网民隐私认知现状如何？基于这一研究问题，综述如下。

在传统媒体时代，由于内容生产者单一，受众对于媒介信息大多被动接受。研究者大多将民间舆论场和官方舆论场分开，采用二手资料分析法、内容分析法、文献分析法、访谈法、参与式观察法、个案分析法对专业媒体生产的内容进行研究，分析对象集中在报纸、广播、电视、杂志等。杨蓉以《南方周末》全年的新闻报道为例，综合内容分析法和定性研究的方法进行文献搜集和分类统计，从新闻选题（文化、改革等），内容结构（通讯、评论等），内容特点（报道深度），价值取向等角度展开分析。詹莉波借助框架理论分析了电视节目的情节模式、人物形象等。❶ 在内容阐释方面，主要集中在两个角度。一是运用一定的理论框架，分析节目的社会影响。例如，刘胜枝基于詹姆斯·凯瑞（James Carey）的传播仪式观阐释电视节目的表层功能，指出节目的效果不仅来自仪式本身，仪式的意义也具有重要作用，从而发挥电视节目的社会整合功能。❷ 二是从叙事学角度阐释节目成功的原因。陶建杰等从叙事学的角度分析了电视节目的内容呈现，指出节目情节冲突的设计、叙事结构、方言的使用等让节目得以完整呈现。❸ 张萍根据热奈特提出的叙事三分法，对热播的真人秀节目《奔跑吧兄弟》在故事层面（母题、事件、人物），叙述话语层面（故事时间、叙述声音、叙述聚焦、悬念），叙述行为层面（文本内部交

---

❶ 詹莉波. 框架理论下的电视调解类节目解读［J］. 东南传播，2013（10）：67.
❷ 刘胜枝. 仪式观视野下的情感调解类节目——《谁在说》栏目的文化传播学分析［J］. 现代传播（中国传媒大学学报），2014，36（2）：151-152.
❸ 陶建杰，宋佳. 电视调解类节目的内容呈现及影响因素——以上海电视台娱乐频道《新老娘舅》为例［J］. 南方电视学刊，2015（3）：52-56.

流、文本外部交流）进行了分析，指出了其叙述策略的意义。❶

随着新媒体技术的发展，信息生产者、传播渠道在一定程度上都发生了变化。信息内容的呈现和阐释研究分为两大部分：一是传统媒体在新媒体平台上的内容呈现和阐释分析，操作上是对呈现和阐释分开研究，研究方法多采用个案分析、文献分析、内容分析等。二是伴随平台社会的发展，往往基于社交媒体平台上特定的事件进行呈现和阐释研究❷，主要以热点事件的微博❸或者微信❹讨论为研究对象。在研究方法上，由于社交媒体的发展产生了大量数据内容，采用传统的内容编码和文本分析已经不能进行全面、立体的分析，大多数学者采用社会网络分析的方法，不仅探讨内容生产的频次、内容本身、内容生产的形式、内容生产的创作者等传统内容分析的研究内容，也从"意见领袖"的分布、传播数量、传播时效、传播结构层次等角度深入分析内容呈现。还有部分学者采用语义网络分析的方法深度阐释社交媒体平台上内容的传播，分析对象为微博博文、微信公众号文本及推特（Twitter）、脸书（Facebook）等社交媒体平台针对某一事件或者话题的讨论，实现了全文本分析。有学者专门对传统媒体和新媒体时代的呈现和阐释研究范式进行了梳理，包含数据采集、数据挖掘和数据可视化三部分❺，具体区分见表2.4。

表2.4 呈现阐释研究范式变化

比较的方面	传统媒体时代	新媒体时代
抽样方法	大多采用某种抽样方法，采集部分文本	自动采集全部文本
研究对象	报纸、电视、杂志等	微信公众号、微博、抖音、快手、豆瓣、小红书、知乎、Facebook、Twitter的文本

---

❶ 张萍. 故事·话语·叙述交流：《奔跑吧兄弟》的叙事学分析 [J]. 中国电视，2016 (6)：45-49.

❷ 庄睿，于德山. 作为情感劳动的隐私管理——中国留学生代购群体的社交媒体平台隐私管理研究 [J]. 新闻记者，2021 (1)：80-89, 96.

❸ LUO C, CHEN A, CUI B, et al. Exploring public perceptions of the COVID-19 vaccine online from a cultural perspective: semantic network analysis of two social media platforms in the United States and China [J]. Telematics and Informatics, 2021 (65): 101712.

❹ 禹卫华，黄阳坤. 重大突发公共卫生事件的政务传播：响应、议题与定位 [J]. 新闻与传播评论，2020，73 (5)：22-33.

❺ 禹卫华. 社交媒体全文本分析法刍议 [J]. 新闻记者，2015 (12)：4.

续表

比较的方面	传统媒体时代	新媒体时代
数据分析工具	人工赋值编码，常用SPSS软件	页面自动编码，数据分析工具多样，如R语言、Python等
信息呈现	呈现形式：文字、图片、视频	呈现形式：文字，图片（GIF动图、静图，如普通图片、表情包图片、信息微图），网页链接，视频等
信息呈现	呈现效果：根据统计软件自带的效果图进行呈现	呈现效果：传播数量（包括转发、评论、点赞）；传播时效（一定时间内信息发布频次和走势）；传播结构（信息传播的结构层级，传播时效、传播数量的相关性研究）
信息阐释	文本特征分析，如标题、时间等；文本情感分析，主要通过人工编码的方式	全文本数据采集—数据挖掘—数据可视化；对内容的特征、情感、社会网络、时空、模块阐释和趋势性分析

1. 传统媒体在新媒体平台上的内容呈现和阐释方面

内容呈现上，新媒体时代，读者阅读习惯发生变化，内容生产在叙事风格、产品形态和操作手法上更加注重用户体验，以符合移动端用户媒介使用习惯。内容表达上不再是传统的单向传播，而是注重实时、融合、交互、社交化，文本中运用互联网元素，如跟随热点加入流行元素、推动融合新闻报道等，以增加用户黏性，从而达到预期的传播效果。❶ 内容阐释上，黄炎宁分析了《人民日报》《南方周末》《新闻晨报》三家传统媒体在社交媒体平台上的报道方式，在信息呈现层面，从话题（topic）、角度（focus）、风格（style）三个层面进行编码，对微博帖子的类型、是否与网民互动进行考察，用综合指数阐释其娱乐化程度。❷ 文卫华等在框架理论视野下对《新周刊》《三联生活周刊》《南方周末》的官方微博进行内容分析，从微博活跃度，影响力，主题内容的选取，发布形式（文字、图片、链接），发布时间等角度进行考察，阐

---

❶ 钱彤, 王瑞斌. 传统媒体新闻叙事方式的变革——以新华社全媒报道平台为例[J]. 新闻与写作, 2016 (6): 13-15.

❷ 黄炎宁. 数字媒体与新闻"信息娱乐化"：以中国三份报纸官方微博的内容分析为例[J]. 新闻大学, 2013 (5): 54-64.

释了三家纸媒在社交媒体平台上的传播特点和传播策略，为相关微博的运营提供借鉴思考。❶

2. 社交媒体平台上特定事件的呈现研究层面

社交媒体上内容研究的对象发生变化，不再局限于某一报刊和节目。申琦等通过实证研究指出，除了媒介技术本身的因素，自我效能也对内容生产产生影响，媒介接触条件中的场所和语境正在成为影响内容呈现的重要因素，线上与线下互动的增强带来丰富多元的内容生产。❷ 新媒体改变了传播方式的面貌。韩士皓等从"融合新闻"的角度分析了媒体内容的呈现。以 2013 年普利策新闻奖获奖作品《雪崩》为例，其采用体验式报道的形式，文字内容呈现不仅集齐了传统新闻报道的时间、地点、人物等要素，同时借助了新媒体时代丰富的表现手段（图片、文字、音频等），将新媒体元素与文字相互融合、互相嵌套。文献以发布策略、制作过程等阐释了其成功的原因。❸ 新媒体时代更侧重从传播效果测量和社会网络角度深入分析特定内容的平台呈现。在传统媒体时代，信息的传播广度往往被界定为传播效果测量指标，但这一指标忽视了社会化媒体的结构性优势及即时性优势。张伦认为，信息传播效果可从绝对数量、时效、结构三个层面测量。数量维度，一般用信息的传播广度测量（如微博中信息被转发的次数，微信的阅读量是否突破 10 万）。时效角度，一般用传播速度测量，即是否第一时间发布。传播速度测量的是一条信息快速获得他人关注的程度。对于突发公共事件（如公共卫生事件、辟谣等）等具有时效性的信息，传播速度是衡量传播效果不可或缺的指标之一。结构方面，应用最广泛的传播效果测量指标为传播深度，往往表现在圈层传播。此外，还应该探讨传播深度与传播广度、传播速度的相关性，将信息发布者特征、原发微博内容特征及参与信息转发的信息传播者特征纳入传播效果测量中。❹ 特殊事件的爆发往往会影响社交媒体用户的隐私呈现。就呈现的影响因素而言，技术信任

---

❶ 文卫华，李冰，王雅萱，等. 框架视野下的纸媒微博比较研究——以《新周刊》《三联生活周刊》《南方周末》新浪微博为例 [J]. 科技与创新，2013（6）：13-15.

❷ 申琦，廖圣清. 网络接触、自我效能与网络内容生产——网络使用影响上海市大学生网络内容生产的实证研究 [J]. 新闻与传播研究，2012（2）：35-44，110.

❸ 韩士皓，彭兰. 融合新闻里程碑之作——普利策新闻奖作品《雪崩》解析 [J]. 新闻界，2014（3）：65-69.

❹ 张伦，胥琳佳，易妍. 在线社交媒体信息传播效果的结构性扩散度 [J]. 现代传播（中国传媒大学学报），2016（8）：130-135.

和隐私期待是重要因素。❶

3. 社交媒体平台上特定事件的阐释研究层面

内容阐释方面，大数据分析方法目前集中在两方面：一是社交媒体的议题研究。例如，微信平台上的转基因议题，分析有关转基因食品及作物的内容中涉及的方面和偏向特征，最终以可视化图像直观呈现议题内容涉及的多个层面，并针对其中若干问题提出相应的分析建议。❷ 二是社交媒体舆论场的语义网络分析，如抓取新浪微博某一栏目的微博内容和评论，用语义网络分析的方法解析官方和民间两个舆论场，进而推动社会舆论生态的建设。❸ 也有学者基于跨文化的视角，抽取 Twitter 和微博上有关疫苗接种的内容进行了语义网络和情感分析。❹ 在隐私的阐释研究中，奎因（Quinn）对收集的 608 名美国社交媒体用户的隐私数据集进行分析，阐释了社交媒体隐私的多样性，对隐私研究、政策制定和技术设计都有非常重要的意义。❺ 另有学者抓取新浪微博中 18 000 个包含"隐私"的帖子进行概念聚类，发现中国人的隐私观念包含社会角色、技术发展、环境影响、政治事件、家庭事务、名流公知等。

综上所述，隐私观念的呈现与阐释研究首先需要对话题依托的平台展开区分，传统媒体和新媒体不同的特征决定了对于隐私话题的呈现与阐释要采取不同的研究方法。在社交媒体时代，大数据分析方法是研究隐私呈现与阐释的主要方法，在隐私话题的研究中，主要集中在社交媒体隐私、隐私泄露等方面。聚焦到数字时代的隐私，则与我国数字化进程密不可分。就具体的社会历史阶段来看，2015 年是我国进入数字社会的关键节点，这一年"大数据"成为"两会"关键词，《国务院关于积极推进"互联网+"行动的指导意见》《中国制造 2025》（国发〔2015〕28 号）、《促进大数据发展行动纲要》《关于运用

---

❶ CHRISTINE H, WOJTEK P. Technology use and norm change in online privacy: experimental evidence from vignette studies [J]. Information, Communication & Society, 2021, 24 (9): 1212-1228.

❷ 纪娇娇, 申帆, 黄晟鹏, 等. 基于语义网络分析的微信公众平台转基因议题研究 [J]. 科普研究, 2015, 10 (2): 21-29.

❸ 高敏. 新媒体语境下"中国梦"的媒介呈现与民间阐释——基于《你好，明天》的语义网分析 [J]. 新媒体研究, 2016, 2 (9): 36-37.

❹ LUO C, CHEN A, CUI B, et al. Exploring public perceptions of the COVID-19 vaccine online from a cultural perspective: semantic network analysis of two social media platforms in the United States and China [J]. Telematics and Informatics, 2021 (65): 101712.

❺ QUINN K, EPSTEIN D, MOON B. We care about different things: non-elite conceptualizations of social media privacy [J]. Social Media+Society, 2019, 5 (3): 205630511986600.

大数据加强对市场主体服务和监管的若干意见》发布，一系列"组合拳"文件的出台激励着数字社会的发展。伴随数字化的纵深发展，隐私成为重要话题。2021年我国《数据安全法》《个人信息保护法》相继出台并实施，在为网民个体隐私保护筑牢安全锁的同时，更成为典型的数字时代的法律。可以看出，数据作为信息时代的核心资产，带来了隐私泄露、隐私污染等一系列社会议题，数据和隐私并行成为全球在数字时代关注的核心议题。我国在数据和隐私方面立法的声音是我国参与全球数字对话和竞争的重要一环。因此，本书基于2015—2021年微博中关于隐私讨论的数据分析是理解数字时代中国网民隐私观念的重要实践，在明确隐私概念的基础上，能够更好地开展网络治理研究。

在此基础上，将研究问题进一步细化如下：

1）整体来看，2015—2021年网民在微博平台上如何讨论隐私？
2）在微博平台的话语实践反映了网络空间中数字隐私的何种特征？
3）在此基础上，作为网民如何认知数字时代的隐私？

2.3.3 隐私管理的相关研究

1. 基于边界的隐私管理研究

无处不在的视频监控带来隐私的透明化、数据挖掘与隐私信息的整合、信息交换与隐私信息的失控、信息分享与隐私信息的自我扩散。❶ 个人隐私信息的二次使用大多数情况下未得到允许，带来了一系列问题。❷ 在隐私管理层面，传统的隐私问题主要与私密的、敏感的、非公开的个人信息相关，新出现的隐私问题则主要与共享的、公开的个人信息相关。传统的隐私问题发生在私人领域，而信息技术背景下的隐私研究则主要在公共领域。❸ 为了维护国家安全，政府机构往往会对个人信息进行采集；为了追求商业利益最大化，商业机构会尽可能多地展开个人信息采集，以便更加了解消费者。但当下的问题是信息的采集需要一个明确的边界，超出了边界就会造成对个人隐私的侵犯，边界

---

❶ 顾理平. 大数据时代隐私信息安全的四重困境[J]. 社会科学辑刊，2019（1）：96-101.
❷ 顾理平，杨苗. 个人隐私数据"二次使用"中的边界[J]. 新闻与传播研究，2016，23（9）：75-86，128.
❸ 吕耀怀. 当代西方对公共领域隐私问题的研究及其启示[J]. 上海师范大学学报（哲学社会科学版），2012（1）：5-16.

界定是网络空间中隐私治理面临的重要问题。一方面是个人与集体的界定。在社交网络平台上，隐私相关性（privacy codependency）将隐私视为一种"集体价值"（privacy as a collective phenomenon），意味着在给定背景下的可用隐私级别不仅取决于个人的选择，还取决于其他社会行为者（其他个人）的选择。作为集体价值，没有"全部"的人就无法享受隐私。而且，在现有的社会技术平台内，个人可能无法达到自定义水平的不受平台技术规范及平台限制的隐私用户的行为。这就是说，在网络空间内，集体对隐私的期望会增加，但个人对隐私的期望会下降。另一方面是隐私主体和隐私所有权的界定。从权利主体角度看，隐私权的主体必然是自然人，但从所有权角度看，依据我国目前的法律，个人在使用互联网平台时正在面临"同意原则"失灵，其结果是用户被动让渡个人信息到平台❶，最终导致数据被平台所有，带来隐私权主体边界的模糊。这说明资本大数据的力量对个人空间造成侵犯，其结果是隐私曝光对个人权益造成损害，个体的"社会性死亡"成为常态。在此需要说明的是，"社会性死亡"主要包括三个层面的内容：一是从自我呈现的不慎"翻车"到供人观赏的社交货币；二是利用网络围观的公开羞辱触发的生活失控；三是隐私曝光涉嫌对他人权益的侵害。❷ 因此有研究认为，新媒体时代讨论隐私边界，需要明确通过实证、量化的方式了解网民的隐私期待，处理好媒体的舆论监督和言论自由与个人隐私保护、公共数据开放与个人隐私保护、保障公众知情权与个人隐私保护这三组矛盾。❸ 同时，隐私管理要注意其与经济发展的关系。如果隐私管理的边界无法得到很好的处理，从微观看可能会妨碍信息的自由流动，隐瞒贬损的个人信息可能构成一种欺骗，影响人与人之间的透明度和坦诚，从宏观看则会妨碍商业效率，增加成本。过分关注隐私会妨碍关键个人信息的收集、延长商业决策的制定时间，从而降低生产效率。

2. 隐私管理的两种模式研究

在宏观层面，目前隐私管理模式研究主要从技术社会互动视角出发。社交媒体、移动平台、云计算、数据挖掘和预测分析技术一定程度上将隐私置于知识进步的不利地位。但隐私不是过时的东西，而是社会建构的结果，因此隐私

---

❶ 田新玲, 黄芝晓. "公共数据开放"与"个人隐私保护"的悖论[J]. 新闻大学, 2014 (6): 32.

❷ RUC新闻坊. "我社会性死亡了"：说得出的尴尬瞬间和走不出的隐私困境[EB/OL]. (2020-12-08)[2021-05-30]. https://mp.weixin.qq.com/s/5NrHynP-OETmODtxpcPfZw.

❸ 赵瑜. 人工智能时代新闻伦理研究重点及其趋向[J]. 浙江大学学报（人文社会科学版）, 2019, 49 (2): 100-114.

并不会否定社会塑造。因为在拥有有效边界管理的世界中,各方面都可以发挥作用,隐私的目标是确保主观性的发展和共同价值观的发展。有效的隐私保护必须平衡公共和私人监控实践,这就涉及技术与社会的互动。例如,在隐私自主层面,搜索引擎、社交媒体、推荐算法的发展可以对内容进行过滤,但却正在塑造网民对社会的理解,一定程度上带来了"信息茧房"。再如,大数据的发展对科技进步、社会福祉、政府管理、商业营利都发挥了重要作用,但这是以用户让渡私人数据为代价的,这意味着个体隐私的减少。如果大数据与隐私的矛盾不能得到调制,会损害创新的发展。人类学家和社会学家认为,隐私是一种社会建构,反映了文化中个人的价值和规范,这意味着人们在概念上定位和实践隐私方面的方式差异会很大。❶ 通过人种学的隐私元分析发现,虽然隐私是文化上的普遍过程,但在不同文化中却表现出很大的差异。换句话说,人们实践隐私的方式(包括语言、非语言、环境和文化机制)在文化上和背景上都是高度特定的。❷ 基于此,需要重新思考隐私管理的出发点。隐私保护不仅是保护个人,更是促进民主发展、创新自由和人类繁荣,这应该是隐私保护政策的出发点。基于此,尼森鲍姆(Nissenbaum)突破二分法提出的基于语境(社会情境)的隐私保护为 21 世纪的隐私保护提供了新的视角,作为一种新的隐私范式,可以协助制定 21 世纪的隐私政策,以此明确如何决定何时允许技术引领变革及何时以隐私的名义抵制变革。❸ 越来越多的研究者认为,政策的透明性和问责制度只有基于上下文语境才有意义。❹ 对应到网络治理的大背景,当代美国新隐私治理主要有两种声音:一种是劳伦斯·莱斯格(Lawrence Lessig)开发的技术治理架构,其中市场、法律、架构、准则之间是相互约束的,使得网络空间的软件和硬件构成了对行为的系统约束,并突出了代码在网络空间的重要作用❺,这种观点也被评价为具有技术官僚主义的特征;另一种是监管机构对权力的重新分配,认为可以将监管权下放给私人实体或公私合营

---

❶ NIPPERT-ENG C E. Islands of privacy [M]. Chicago IL:the University of Chicago Press,2010.
❷ ALTMAN I. Privacy regulation:culturally universal or culturally specific? [J]. Journal of Social Issues,1977,33(3):66-84.
❸ 海伦·尼森鲍姆. 技术、政治和社会生活中的和谐 [M]. 王苑,译. 北京:法律出版社,2022.
❹ INTRONA L D. Privacy and the computer:why we need privacy in the information society [J]. Metaphilosophy,1997,28(3):259-275.
❺ 劳伦斯·莱斯格. 代码 2.0:网络空间中的法律 [M]. 李旭,沈伟伟,译. 北京:清华大学出版社,2009:103.

伙伴关系，"通知-选择"模式是私有化监管的重要体现，该框架要求个人通过"通知-选择"框架自我管理隐私行为，由个人承担理解其风险的责任，并据此采取行动。在这种框架下，隐私具有个人价值，用户基于使用诉求进行决策。用户通常被定义为"隐私实用主义者"，他们重视自己的隐私，但可以将其交易以换取其他利益，研究者将其称为具有新自由主义伦理的监管话语。可以看出，隐私治理的讨论离不开公民、政府和平台，政府主导监管会带来奥威尔所描述的监视社会，公民的创新能力受到平台信息处理范围的影响。因此，有效的隐私保护意义深远，隐私保护的设计有必要保护公众审查并考虑个体化决策，以及协调公共利益和私人利益之间的矛盾。❶

在微观层面，乌尔里克·胡格尔（Ulrike Hugl）从个人信息隐私与社交网络使用的实证研究中发现，隐私管理模式必须是多维度和多学科的，可以考虑以隐私计算的方式推动隐私治理。❷但目前具有实证价值的隐私模型较少。史密斯（Smith）等以320项隐私条款和128本书籍为样本，发现在隐私模式上目前定量的研究依然较少，实证主义的经验研究如果将重点放在隐私担忧的前因和实际结果上，将会增加研究价值。但需要警惕总体宏观模型，即前提→隐私问题→结果（antecedents →privacy concerns → outcomes，APCO）。❸

3. 隐私管理的利益主体研究

聚焦到参与网络社会治理的相关利益主体，目前信息隐私的参与主体包括个人、组织、平台和政府部门。平台对用户隐私的侵犯成为焦点话题。❹ 伊莱·帕里泽（Eli Pariser）在《过滤泡：互联网对我们的隐秘操纵》一书中指出，互联网平台具备对信息流动进行重组和垄断的强大技术能力，在个体深度卷入数字化的当下，用户隐私保护意识非常重要。以健康码为例，作为与身体健康有关的二维码，与支付二维码相比，它更明确地关联个体的隐私信息，其伦理问题值得注意。❺ 如上文所述，新治理理念给了平台较大的自主权，班贝

---

❶ COHEN J E. What privacy is for [J]. Harvard Law Review, 2012 (126): 1904.

❷ HUGL U. Reviewing person's value of privacy of online social networking [J]. Internet Research, 2011 (4): 21, 384-407.

❸ SMITH H, DINEV T, XU H. Information privacy research: an interdisciplinary review [J]. MIS Quarterly, 2011, 35 (4): 989-1015.

❹ 数字平台该关注社会公共利益了 [N/OL]. 2021-03-01 [2021-06-23]. http://szsb.sznews.com/MB/content/202103/01/content_994415.html.

❺ 杨庆峰. 健康码、人类深度数据化及遗忘伦理的建构 [J]. 探索与争鸣, 2020 (9): 123-129, 160-161.

格（Bamberger）等通过对平台公司首席隐私官（CPO）的深度访谈梳理出新隐私治理的内容、企业实践困境、运作架构，但隐私治理整体是动态发展的，要根据外部规范和要求随时做出反应。❶ 在对平台的定性研究中，通常将网站隐私声明作为文本分析重要的切入点，以此提出对应的建议，规范网络平台的隐私入侵。❷ 目前来看，不论是欧盟的《通用数据保护条例》（GDPR）、美国的《加州消费者保护法案》（CCPA），还是国内已经施行的《网络安全法》《数据安全法》和《个人信息保护法》，都侧重寻求隐私保护和数字经济之间的平衡发展，显示出不能让科技公司以优势地位抢占个人隐私权益的倾向，这是因为国家的行政和社会力量才是定义本土数据/隐私权利的合适对象。一方面，当数据成为数字经济发展的重要生产要素时，数据主权的重要性就不容忽视，无论欧美还是我国的数据权利立法，都对数据跨境流通提出了严苛的审批要求，目的在于确保本国掌握重要数据，并最终维护国家安全；另一方面，因为行政和社会力量相较于商业主体拥有更超然的地位，它们更容易从社会整体福利的视角协调隐私保护和数据使用之间的关系，这样可以确保市场竞争真正公平和长久发展。这是目前科技公司平台和行政力量博弈的现状。伴随我国一系列反垄断"组合拳"政策的出台，公民隐私保护的"通知-选择"原则将具有更高的自主性。

隐私保护与平台背后的隐私技术的发展密不可分。Web 2.0 的出现使互联网从信息提供者升级为社区创造者。收集、储存、交换和使用信息的方式已经改变，威胁个人隐私的特征也随之改变，电子革命触及生活的方方面面，因此关注技术的用途对保护隐私至关重要。截至目前，网络隐私风险主要来源于互联网协议（IP）地址、HTTP cookie、Flash cookie、Evercookies、第三方请求、谷歌街景视图、搜索引擎、社交媒体隐私、医疗应用程序隐私问题、互联网服务提供商（ISP）、HTML5、大数据挖掘技术、生物识别技术等。技术的发展与隐私在市场中越来越多地被视为货币化服务相关，消费者可以根据自身的支付能力和提供相关服务的成本享受不同级别的隐私保护，也可以称之为隐私的

---

❶ BAMBERGER K A, MULLIGAN D K. New governance, chief privacy officers, and the corporate management of information privacy in the United States：an initial inquiry [J]. Law & Policy, 2011, 33 (4)：477-508.

❷ 徐敬宏，赵珈艺，程雪梅，等. 七家网站隐私声明的文本分析与比较研究 [J]. 国际新闻界，2017, 39 (7)：129-148.

社会契约技术。❶ 徐敬宏等基于移动互联网商业模式的发展趋势进行了隐私保护的探索，趋势有三个：一是通过不同机构联合的尝试实现数据的开放与共享，二是通过持续优化算法提升数据处理和数据投放的精准度，三是对数据进行脱敏处理。保护用户的隐私是移动互联网商业发展的基础。保护应该从四个方面入手，分别是个人层面、公司层面、行业层面的自律和媒体监察、国家层面的法律保护。❷ 顾理平等基于互联网企业在手机应用上的隐私政策展开分析，认为合成型隐私的管理目前处于模糊地带，需要基于数据的合成应用提出保护措施。❸ 方洁等结合区块链技术的应用场景，认为基于区块链具有去中心化的特点，可以促进用户自己掌控个人信息，从而达到隐私保护的效果。❹ 此外，隐私决策在很大程度上与风险感知密不可分。❺ 因此，在隐私保护的研究中，开展隐私风险识别、风险分析和风险减轻是解决隐私问题的重要策略。❻ 隐私保护的风险判定见表 2.5。

表 2.5　隐私保护的风险判定

过程阶段	解决措施
风险识别 （risk identification）	七种隐私类型：个人隐私、行为隐私、交流隐私、数据和图像隐私、思想和感情隐私、位置和空间隐私、联合隐私
风险分析 （risk analysis）	隐私保护目标：机密性、完整性、可用性、不可链接性+数据最小化、介入性、透明性
风险减轻 （risk mitigation）	监控得以缓解，维护个体和机器人的独立空间

风险的感知是基于语境的，因此有研究者使用熵研究上下文感知服务中的隐私保护问题。该熵用于衡量定位用户的行踪和识别个人选择的能力，计算在

---

❶ MARTIN K. Understanding privacy online: development of a social contract approach to privacy [J]. Journal of Business Ethics, 2016, 137 (3): 551-569.

❷ 徐敬宏, 段泽宁, 侯伟鹏, 等. 移动互联网商业模式下的数据共享与隐私保护 [J]. 情报理论与实践, 2018, 41 (1): 50-54.

❸ 顾理平, 俞立根. 手机应用模糊地带的公民隐私信息保护——基于五大互联网企业手机端的隐私政策分析 [J]. 当代传播, 2019 (2): 4.

❹ 方洁, 蒋政旭. 国际上区块链技术在媒体场景下的应用研究 [J]. 新闻与写作, 2020, 427 (1): 23-28.

❺ FRIK A, GAUDEUL A. A measure of the implicit value of privacy under risk [J]. Journal of Consumer Marketing, 2020, 37 (4): 457-472.

❻ HEUER T, SCHIERING I, GERNDT R. Privacy-centered design for social robots [J]. Interaction Studies, 2019, 20 (3): 509-529.

上下文感知服务器中查询的位置和个人偏好。这种方法在服务提供期间的用户数据报告中得到应用。❶ 在隐私风险感知的基础上，有研究者基于人员流动数据的观察发现粗糙的数据集几乎没有匿名性，这从另外一个角度说明个人隐私的基本限制，对设计保护个人隐私的框架和机构具有重要意义。❷ 在可以预见的未来，数字社会的智能化必然离不开数据的收集，因此技术平台公司必须重视隐私保护技术评估的研究，可以从隐私设计原则❸、隐私计算（privacy computing）技术❹和隐私影响评估（PIA）❺ 三个方面展开（表2.6）。

表2.6 隐私保护技术的评估

隐私设计原则	隐私计算技术	隐私影响评估
第一，积极预防，强调从最开始的设计阶段就考虑隐私保护问题。第二，隐私默认保护，让隐私保护成为企业商业实践和系统运行的默认规则。第三，将隐私嵌入设计，成为系统的组成部分。第四，功能完整，正和而非零和，主张实现用户、企业等多方共赢。第五，全生命周期保护。第六，可见性和透明性，并接受独立核查。第七，尊重用户隐私，确保以用户为中心	在保护数据私密性的前提下完成对数据的计算分析任务，从而构建一种可信任的执行环境。从技术角度来看，当下隐私计算指的是利用可信执行环境、安全多方计算、同态加密、零知识证明、差分隐私和联邦学习等系统安全技术与密码学技术，在保证原始数据安全隐私性的同时实现对数据的计算和分析。美国人口普查局、苹果公司和Facebook公司作为差分隐私（隐私计算的一种类型）的研究者，认为这种技术可以帮助建立人机传播时代的信任机制	确定隐私评估的需求，描述数据流，识别隐私和相关风险，界定和评估隐私解决方案，签署并记录隐私影响评估的结果，反馈评估结果。以上步骤一般分阶段展开

---

❶ VOULODIMOS A S, PATRIKAKIS C Z. Quantifying privacy in terms of entropy for context aware services [J]. Identity in the Information Society, 2009, 2 (2): 155-169.
❷ MONTJOYE Y A D, CÉSAR A H, VERLEYSEN M, et al. Unique in the crowd: the privacy bounds of human mobility [J]. Entific Reports, 2013, 3 (3): 1376.
❸ 郑志峰. 人工智能时代的隐私保护 [J]. 法律科学（西北政法大学学报），2019 (2): 10.
❹ 数智湃. 近5年全球十大颠覆性技术，中国只有少数几家公司参与 [EB/OL]. (2020-10-20) [2021-06-23]. https://www.toutiao.com/i6885540307304514052/?tt_from=weixin&utm_campaign=client_share&wxshare_count=1&timestamp=1604900721&app=news_article&utm_source=weixin&utm_medium=toutiao_ios&use_new_style=1&req_id=202011091345200102040482003C01877F&group_id=6885540307304514052.
❺ Information Commissioner's Office. Conducting privacy impact assessments code of practice [EB/OL]. (2020-11-27) [2021-06-23]. https://www.gov.uk/government/organisations/information-commissioner-s-office.

在政府角色、行业组织和政策法规层面。在政府功能中，彭兰认为管理机构承担调节性节点协调者、服务者、监督者的角色。❶ 以我国为例，隐私保护做法主要分为对内和对外，对外主要通过设置 VPN 等形式限制境外网站，维护隐私和网络安全。监管部门的职责从"管内容"逐步变成"管主体"，网络平台从被赋予管理责任转变到直接承担主体责任。可以看出，对外的隐私保护以国家安全为主，对内的保护侧重个人隐私保护。❷ 网络平台的趋利性也是需要强调政府角色的原因，失去约束的市场具有窥探暴露隐私的无限潜能。新媒体运用商业法则一定程度上扭曲了技术的中立属性，互联网及其关联企业从应用软件的设计、植入到服务提供，全方位追踪、记录用户个人信息、生活轨迹等，使得人们对隐私涵盖范围的认知更为模糊，对网络平台的掌控更加无所适从❸，因此政府的监管就尤为必要。监管主要体现在行政立法和法律规范层面。隐私政策应着重于创造条件，以支持透明、公平的谈判。科林·J. 贝内特（Colin J. Bennett）等从全球视角分析了隐私治理的政策工具，认为传统社会对隐私的威胁来自单一国家的边界，而在信息全球化的条件下，政策法规、互联网平台和隐私技术在隐私管理中都扮演了非常重要的角色。在此基础上，说明了未来隐私保护的趋势。第一是监控社会到来，个人很难控制其信息；第二是不连贯的隐私保护给监视带来压力，但是会被隐私价值的阶段性胜利打败；第三是数据保护不严格的国家成为避难场所；第四是全球视角下的隐私交易论。❹ 欧盟 2018 年 5 月 25 日生效的《通用数据保护条例》(*General Data Protection Regulation*, GDPR) 被认为是史上最严个人信息保护法案，引起众多专家学者的研究。《通用数据保护条例》是在数字经济重塑人类生活的大背景下欧盟数据隐私治理改革的里程碑事件，也是迄今为止全球范围内最具影响力的个人数据保护立法之一，通过顶层制度设计有效协调了用户与数字产业之间的关系❺，同时其扩张了地理空间上的适用范围，也引起了法律价值观念的冲突。但不得不说，在全球化背景下，《通用数据保护条例》成为我国制定《网

---

❶ 彭兰. 自组织与网络治理理论视角下的互联网治理［J］. 社会科学战线，2017（4）：168-175.
❷ DONG F. Controlling the internet in China: the real story［J］. Convergence, 2021, 18（4）: 403-425.
❸ 陈堂发. 新媒体环境下隐私保护法律问题研究［M］. 上海：复旦大学出版社，2018：17.
❹ COLIN J B, CHARLES D R. The governance of privacy: policy instruments in global perspective［M］. Oxford: Taylor and Francis, 2017.
❺ 林凌，李昭熠. 个人信息保护双轨机制：欧盟《通用数据保护条例》的立法启示［J］. 新闻大学，2019（12）：1-15, 118.

络安全法》《个人信息保护法》等信息隐私、数据保护法律规范的重要参考。❶ 其明确规定了个人信息使用的三个关键点，即符合合理的信息期待、落实知情权和同意条件具体化。❷ 需要补充的是，"隐私的合理期待理论"（reasonable expectation of privacy）在 1967 年被美国联邦最高法院提出，但需要满足两个条件：一是权利人主观上对隐私的保护已经形成了合理的预期，期望其内容不为他人所知；二是此种预期具有正当性，即这种期待符合一般观念，能得到社会的客观认可。❸ 此外，为解决数据泄露问题和提高数据保护能力，《通用数据保护条例》创造了一个新的职业角色，一种数字时代的新型把关人——数据保护官（data protection officer，DPO），其主要职责有三个：一是对隐私监督行为提供意见和建议；二是监督组织机构，引导其做出合规行为；三是告知组织机构及员工各项义务。❹ 在中国数字社会治理的进程中，2021 年部分省市将首席数据官纳入政府行政管理的职业。伴随 5G 的深入发展，实时监控等各项技术的应用对隐私的侵犯将变得更加普遍，可以说，《通用数据保护条例》为互联网、物联网的数据保护带来积极改变，即强化主体地位、提高技术安全性、强调最小化数据分析，明确隐私保护的边界。但是在物联网社会中，法律关系主体更加复杂，还需要进一步展开探索。❺ 马丁·德格林（Martin Degeling）等通过对 GDPR 影响下网站隐私政策的研究，发现其让网络更加透明，但是仍然缺少功能和可用的机制供用户选择同意或拒绝在互联网上处理其个人数据。❻ 许多国家的隐私政策也都与之相关。美国隐私保护的典型模式是行业自律，这意味着行业组织扮演了重要角色，具体分为多种形式：建议性的行业指引（online privacy alliances）；网络隐私认证计划；技术保护；企业自律（首席隐私官的设立）。这些做法与自由的传统、经济利益考量、网络发展速度与立法速度不匹配有密切关系。美国、英国、日本和欧盟等都制定了个人隐私保

---

❶ 俞胜杰，林燕萍.《通用数据保护条例》域外效力的规制逻辑、实践反思与立法启示［J］. 重庆社会科学，2020（6）：18.

❷ 陈华丽. 个人信息使用的三个关键点——以欧盟《通用数据保护条例》为视角的分析［J］. 青年记者，2018（27）：77-78.

❸ 张璐. 何为私密信息？——基于《民法典》隐私权与个人信息保护交叉部分的探讨［J］. 甘肃政法大学学报，2021（1）：86-100.

❹ 赵如涵，袁玥. 平台驱动新闻业的新挑战：欧盟《通用数据保护条例》影响下的新闻生产［J］. 中国出版，2019（22）：35-39.

❺ 魏怡然. 智能互联的隐私风险：法律挑战与欧盟规制［J］. 国外社会科学，2020（2）：106-116.

❻ DEGELING M，UTZ C，LENTZSCH C，et al. We value your privacy…now take some cookies：measuring the GDPR's impact on web privacy［J］. Informatik Spektrum，2019，42（5）：345-346.

护的战略法规，整体内容都强化了个人信息主权，如美国的《电子通讯隐私法修正案（2015）》《国家隐私研究战略》《宽带和其他电信服务中用户隐私保护规则》，英国的《数据保护法》，日本的《个人信息保护法》，欧盟的《通用数据保护条例》《欧美隐私盾协议》，法国的《数字共和国法案》，德国的《联邦数据保护法》。❶ 随着互联网的广泛应用和数据总量的增加，被遗忘权、网络空间隐私保护与治理成为关注的焦点，若信息被有意无意地释放，保护个人隐私、个人信息就成为难题，背后则是商业机构、政治团体和国家组织的博弈。被遗忘权还临与公共利益的冲突，如知情权、表达权等权利，搜索引擎的角色也需要重新思考。❷ 美国还针对不同群体如学生群体制定了隐私保护法规与治理体系。针对大数据使用过程中的隐私泄露、商业使用、未授权和未告知的问题，美国联邦、州和行业协会展开了层级立法，制定自律政策。在治理体系上，政府层面明确组织架构，设立技术保障体系，明确实施规范，确立问责机制和民间团体的外部支持。❸ 在主体层面，澳大利亚的信息治理政策强调以法律规章和国家政策为引导，并做好机构和配套制度的衔接。❹ 对我国而言，政策法规的制定一方面需综合国外经验和中国实践，厘清网民隐私观念，另一方面需借助行业组织的力量，如中国互联网协会、中国电子商务诚信联盟等，明确政府角色定位，各网站制定严格的隐私保护制度。❺

用户的隐私意识研究离不开平台和应用产品。许多研究人员研究了用户如何在社交网络服务（SNS）中管理其隐私。大多数学者关注用户如何利用SNS中可用的隐私设置❻，如删除个人资料中的部分内容❼或创建单独的受众群体。也有学者研究了SNS中管理隐私的社会和心理策略。例如，博伊德（Boyd）和马威克（Marwick）指出，青少年在SNS中加密了其公开的信息，只有特定

---

❶ 张彬，彭书桢，金知烨，等. "大智物云"时代数据治理国家战略比较分析——数据开放、网络安全保障与个人隐私保护［J］. 电子政务，2019（6）：100-112.
❷ 殷乐，于晓敏. 被遗忘权：网络空间的隐私保护与治理——基于全球部分国家的立法与实践分析［J］. 新闻与写作，2017（1）：14-17.
❸ 王正青. 大数据时代美国学生数据隐私保护立法与治理体系［J］. 比较教育研究，2016，38（11）：28-33.
❹ 王英. 澳大利亚国家档案馆信息治理政策体系研究［J］. 浙江档案，2020（11）：26-29.
❺ 徐敬宏. 美国网络隐私权的行业自律保护及其对我国的启示［J］. 情报理论与实践，2008，31（6）：955-957，907.
❻ LIT E. Understanding social network site users' privacy tool use［J］. Computers in Human Behavior，2013，29（4）：1649-1656.
❼ MADDEN M. Privacy management on social media sites［R］. Pew Internet Report，2012.

人群可以访问这些信息。❶ 他们用术语社会隐写术来标记后者。布兰茨格（Brandtzaeg）等建议用户仅通过发布与所有受众的态度和信念相匹配的信息来调整其披露行为。❷ 霍根（Hogan）等建议用户将SNS视为前台，仅发布适合所有公众的信息。❸ 沃尔夫（Wolf）等通过传播隐私管理理论探索了脸书（Facebook）中的个人和团体隐私管理策略，并对个人和团体隐私管理的影响因素进行了预测，认为年龄、性别、学历、隐私关注、个体经历都与隐私管理相关，在网络环境中个体更倾向采取群体隐私管理的方法。❹ 国内相关研究揭示了微信用户隐私保护的现状及其制约因素，将自我效能感、风险感知、信任、隐私担忧及隐私保护作为变量进行测量，探索社交媒体使用中隐私担忧的现状❺和社交媒体不持续使用的模型建构❻。也有学者基于社交媒体中的隐私悖论、隐私侵权与隐私保护展开研究，属于网络隐私权的研究范畴。❼ 申琦基于2016年对上海市大学生微信使用与隐私保护的调查发现，隐私风险与隐私关注程度具有正相关关系，当隐私保护成本较低时，大学生愿意采取一定的行动进行隐私保护。❽ 个人信息中，安全问题是大学生群体所关注的，如银行卡号。网络利益感知程度越高的人让渡隐私的意愿越强。信任也会影响网络隐私认知。❾ 董晨宇等从社会形态的变迁和技术操作视角认为"分享什么"是为了获取社交回馈、享受数字便利，是自我形象管理的一种操作。❿ 网络素养也会

---

❶ BOYD D, MARWICK A E. Social privacy in networked publics: teens' attitudes, practices, and strategies [C]. A Decade in Internet Time: Symposium on the Dynamics of the Internet and Society, 2011.
❷ BRANDTZAEG P B, LUEDERS M, SKJETNE J H. Too many Facebook 'Friends'? Content sharing and sociability versus the need for privacy in social network sites [J]. International Journal of Human-Computer Interaction, 2010 (26): 11-12.
❸ HOGAN B, QUAN-HAASE A, et al. Persistence and change in social media [J]. Bulletin of Science Technology & Society, 2010, 30 (5): 309-315.
❹ WOLF R D, WILLAERT K, PIERSON J. Managing privacy boundaries together: exploring individual and group privacy management strategies in Facebook [J]. Computers in Human Behavior, 2014, 35 (1): 444-454.
❺ 徐敬宏, 侯伟鹏. "隐私担忧"的中介效应：基于对大学生微信使用的结构方程模型分析 [J]. 传播与社会学刊, 2020 (54): 59-94.
❻ 牛静, 常明芝. 社交媒体使用中的社会交往压力源与不持续使用意向研究 [J]. 新闻与传播评论, 2018, 71 (6): 5-19.
❼ 徐敬宏, 张为杰, 李玲. 西方新闻传播学关于社交网络中隐私侵权问题的研究现状 [J]. 国际新闻界, 2014, 36 (10): 146-158.
❽ 申琦. 风险与成本的权衡：社交网络中的"隐私悖论"——以上海市大学生的微信移动社交应用（APP）为例 [J]. 新闻与传播研究, 2017, 24 (8): 55-69, 127.
❾ 申琦. 利益、风险与网络信息隐私认知：以上海市大学生为研究对象 [J]. 国际新闻界, 2015, 37 (7): 85-100.
❿ 董晨宇, 丁依然. 社交媒介中的"液态监视"与隐私让渡 [J]. 新闻与写作, 2019 (4): 6.

对不同的网络隐私保护行为产生影响。❶ 此外，性别和网络使用频率是影响隐私保护的重要变量❷，隐私关注和自我表露是影响隐私保护行为的变量，亲疏关系是自我表露的重要影响因素，隐私关注程度的高低影响隐私保护❸。还有研究者对物联网时代产品与用户隐私保护展开研究。社会机器人是物联网时代的重要产品，在人机交互过程中，社会机器人可以全方位收集用户信息（不限于人口统计学意义上的信息），并通过众多传感器收集有关敏感特征（如情绪和精神状态）。例如，用户在与机器人互动时表达自己的感受，从而机器人可以记录此前难以掌握的情感信息。敏感信息还包括用户图像，如在卧室和浴室中的用户图像、房屋内的布局、疾病和健康状况，这些都是特别敏感的行为信息，涉及用户和终端产品的隐私让渡问题，对隐私治理提出挑战。一方面，技术的社会影响是影响技术推广的重要因素；另一方面，技术产品作为中介成为研究隐私新的切入点。库迪纳（Kudina）等通过调查有关谷歌眼镜（Google Glass）的在线讨论研究了用户对隐私价值的定义❹，这对政策制定和产品设计都具有参考意义。生物识别产品在数字化发展浪潮中被越来越多地应用，但滥用个人信息问题依然是社会治理的难点。例如，使用射频识别（RFID）芯片跟踪货物，获取患者的医疗数据，保护学生免遭绑架，但这也给黑客全方位控制个体数据提供了入口。❺ 因此，雷蒙德·瓦克斯（Raymond Wacks）在《隐私》一书中指出，"监控似乎令人生畏，物联网对我们的私生活的侵入可能更精密且骇人，包括生物识别技术，诸如卫星监测、穿透墙壁和衣物等以增强搜索精准度，以及智能尘埃装置，传感器可以探测从光到振动的一切现象。"❻ 如何保护个体的隐私是数字时代亟需解决的问题。

4. 隐私管理的影响因素研究

传播隐私管理理论作为用户隐私管理的框架被越来越多的研究者采用，该

---

❶ 申琦. 网络素养与网络隐私保护行为研究：以上海市大学生为研究对象［J］. 新闻大学，2014（5）：110-118.

❷ 申琦. 网络信息隐私关注与网络隐私保护行为研究：以上海市大学生为研究对象［J］. 国际新闻界，2013（2）：122-131.

❸ 申琦. 自我表露与社交网络隐私保护行为研究——以上海市大学生的微信移动社交应用（APP）为例［J］. 新闻与传播研究，2015，22（4）：5-17.

❹ KUDINA O, VERBEEK P P. Ethics from within: Google Glass, the Collingridge Dilemma, and the mediated value of privacy［J］. Science, Technology & Human Values, 2018, 44（1）：016224391879371.

❺ 吴小帅. 大数据背景下个人生物识别信息安全的法律规制［J］. 法学论坛，2021，36（2）：152-160.

❻ 雷蒙德·瓦克斯. 隐私［M］. 谭宇生，译. 南京：译林出版社，2020：90.

理论的核心要义是探讨自我表露与隐私管理之间的辩证关系。迈克尔·齐默（Michael Zimmer）等以健身追踪器的使用为调查对象，研究了可穿戴设备的隐私边界管理。[1] 德·沃尔夫（De Wolf）分析了2000名青少年在社交媒体使用中的隐私管理。[2] 有研究者认为，具有较高隐私顾虑的人通过不同的SNS连接不同的关系来战略性地管理他们的隐私，以此来构建网络之间的社会技术边界。[3] 智能家居融入家庭的隐私管理成为数字时代处理隐私侵犯的重要方向。[4] 还有研究者从传播政治经济学视角出发，对代购群体的隐私管理进行研究，发现其正在成为一种有商业性质的情感劳动[5]，因此单纯地认为隐私是一种人格权益的理念或许需要基于情境作出调整，重新评估隐私的财产性就具备了现实意义。

在隐私管理的人口学信息和个人特征中，家庭构成，对伴侣的担忧，受教育程度，社会阶层（社会地位），年龄，住房和财务状况，心理健康状态（孤独、不孤独、恐惧、担忧），网络接触（频率、时长、社群），隐私素养（批判素养、功能素养、消费素养和产销素养）和数字素养（数据识别、数据理解、数据反思、数据使用及数据策略）[6]，自我效能等都是影响个人隐私行为的重要因素[7]。为进一步分析人的因素对隐私管理行为的影响，李雪莲等将其进一步操作化为生命周期[8]、家庭周期[9]和社会分层[10]。

---

[1] MICHAEL Z, PRIYA K, JESSICA V, et al. 'There's nothing really they can do with this information': unpacking how users manage privacy boundaries for personal fitness information [J]. Information, Communication & Society, 2020 (23): 7, 1020-1037.

[2] DE WOLF R. Contextualizing how teens manage personal and interpersonal privacy on social media [J]. New Media & Society, 2020, 22 (6): 1058-1075.

[3] LEE Y H, YUAN C W. The privacy calculus of 'friending' across multiple social media platforms [J]. Social Media+Society, 2020, 6 (2): 2056305120928478.

[4] 管似路，顾理平. 智能语音交互技术下的用户隐私风险——以智能音箱的使用为例 [J]. 传媒观察，2021 (6): 17-24.

[5] 庄睿，于德山. 作为情感劳动的隐私管理——中国留学生代购群体的社交媒体平台隐私管理研究 [J]. 新闻记者，2021 (1): 80-89, 96.

[6] 顾理平，范海潮. 作为"数字遗产"的隐私：网络空间中逝者隐私保护的观念建构与理论想象 [J]. 现代传播（中国传媒大学学报），2021, 43 (4): 140-146.

[7] WESTIN A. Social and political dimensions of privacy [J]. Journal of Social Issues, 2003, 59 (2): 431-453.

[8] 李雪莲，刘德寰. 生命周期视角下青少年网络游戏使用行为研究 [J]. 现代传播（中国传媒大学学报），2016 (8): 8.

[9] 李雪莲，刘子诠. 作为群体现象的独生子女（1976—2001）超重及肥胖问题研究 [J]. 人口与发展，2019, 25 (1): 79-88.

[10] 李雪莲，刘德寰. 知沟谬误：社交网络中知识获取的结构性悖论 [J]. 新闻与传播研究，2018, 25 (12): 17.

在隐私管理的安全威胁感知、隐私认知、隐私关注研究层面，目前的隐私侵犯主要有平台未经同意收集个人信息、超范围收集个人信息、将个人信息随意共享给第三方、强制用户使用定向推送功能、不同意不让使用、频繁申请权限、过度索取权限、账号注销难度大。❶ 这些侵犯经历会进一步影响个体的隐私管理和隐私披露。❷ 因为这些经历会影响个体的风险感知，所以社交距离、感知的互联网隐私知识、负面的在线隐私体验、技术信任、互联网使用活动成为个体对互联网隐私风险认知的重要预测因素。❸ 感知社会契约也是影响网民隐私管理的因素❹，如对第三方技术平台的信任、对上下语境的理解，会进一步影响网民在线隐私管理行为。还有研究者将隐私侵犯作为前因，探究隐私问题、隐私保护行为和隐私素养的关系。❺

隐私管理的应对方式包含隐私规则特征、边界协调和边界湍流。规则体现在个人对隐私信息的控制能力，这是边界协调的前提。边界协调存在于隐私管理的信息类别和场景中，财务、信用、医疗、健康等信息更受关注，通常被划分为个人隐私保护的界限。苏今以疫情信息的使用为例，将使用场景分为两大类，即区域性抗击疫情中的信息控制场景（授权主体、信息排查、人员流动）和非疫区防疫中的信息控制场景（复工健康码、常态化报备、涉疫信息加工）❻，这也说明在特殊情境下隐私管理需要理性和务实。隐私回避、隐私披露❼、隐私麻木等行为则是边界湍流的后果和体现。

个体行为处于结构之中，自社会学诞生起，个体与社会的关系问题就始终困扰着社会理论。在现代社会形成过程中，这一问题伴随着政治制度重组、社

---

❶ 中国信息通信研究院. 移动互联网应用程序（APP）个人信息保护治理白皮书［EB/OL］.(2022-01-25)［2022-02-21］. http://www.caict.ac.cn/kxyj/qwfb/bps/202111/P020211119513519660276.pdf.

❷ MASUR P K, TREPTE S. Transformative or not? How privacy violation experiences influence online privacy concerns and online information disclosure［J］. Human Communication Research, 2021, 47（1）: 49-74.

❸ CHEN H, ATKIN D. Understanding third-person perception about internet privacy risks［J］. New Media & Society, 2021, 23（3）: 419-437.

❹ SANNE K, SOPHIE C B, NADINE B. Breaching the contract? Using social contract theory to explain individuals' online behavior to safeguard privacy［J］. Media Psychology, 2020（23）: 2, 269-292.

❺ EPSTEIN D, QUINN K. Markers of online privacy marginalization: empirical examination of socio-economic disparities in social media privacy attitudes, literacy, and behavior［J］. Social Media + Society, 2020, 6（2）: 2056305120916853.

❻ 苏今. 后疫情时代个人涉疫信息的控制特点及其路径修正——以隐私场景理论为视角［J］. 情报杂志, 2021, 40（9）: 124-132, 123.

❼ 卢家银. 非常法时期互联网用户的隐私保护行为研究［J］. 国际新闻界, 2021, 43（5）: 65-85.

会构建和现代主体的构成逐渐浮现出来。美国社会学家帕森斯在《社会行动的结构》中的表述奠定了理解这一社会理论的经典形态。❶他提供了一个整体性的理解框架，归纳出一般的行动系统，主要包含行为有机体系统、人格系统、文化系统、社会系统（政治、经济、教育、宗教、家庭和法律），这些作为外部环境并最终影响个体行为。外部环境诸如制度环境、人际关系、家庭环境等对个体行为都有潜移默化的影响。本章基于隐私研究话题，将个体的行动环境操作化为制度环境、舆论环境、技术信任、人际信任（可以概化为社会契约视角）。❷教育、家庭、人格因素在人口学和个人特质量表中展开测试。

基于上述整理，形成本书研究框架（图2.4）和问卷调查指标（表2.7）。需要说明的是，为了便于理解，将隐私价值转换成日常生活中熟悉的场景，方便测量网民对隐私的重视程度。

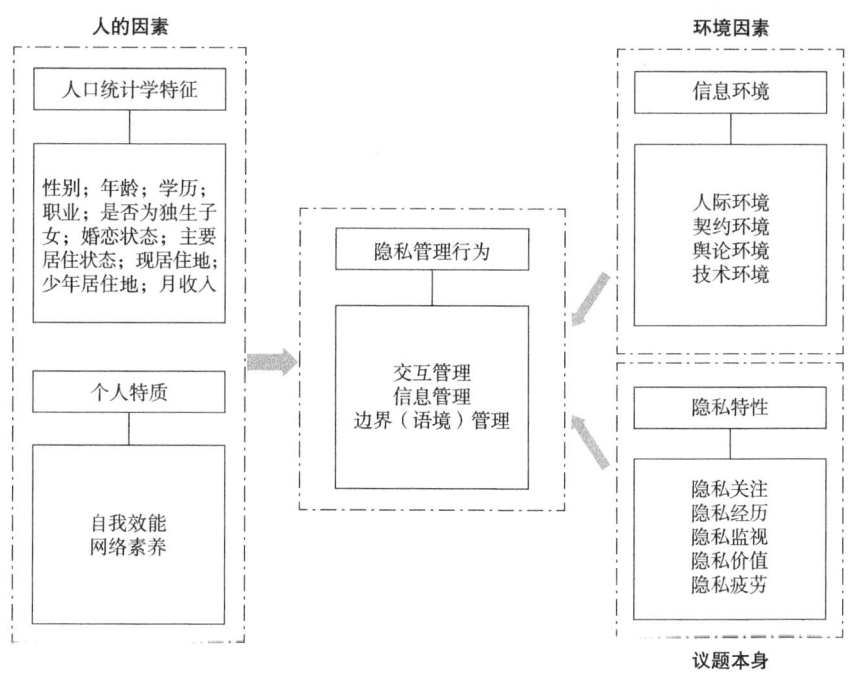

图 2.4　传播隐私管理理论与本书研究框架

---

❶ 李猛. "社会"的构成：自然法与现代社会理论的基础[J]. 中国社会科学, 2012 (10): 87-106, 206-207.

❷ 王乐, 王璐瑶, 孙早. 隐私侵犯经历对网络用户自我披露的影响机制[J]. 系统工程理论与实践, 2020, 40 (1): 14.

表 2.7 隐私管理行为问卷量表指标及问题选项

类别	因素	选项
隐私管理行为	交互管理	我会采用特定的隐私分享方式（如朋友圈、微博、知乎、豆瓣等）；我能够决定我的隐私分享对象（如家人、朋友、APP 等）；我能够决定我的隐私分享类别（如普通个人信息、个人健康信息等）
	信息管理	我会定期清除搜索记录和浏览记录；我会拒绝系统自动记忆我的账号、密码；我会拒绝网络收集我的个人信息 [1. 个人基本信息（姓名、生日、性别、地址、电话号码等）；2. 个人身份信息（身份证、护照、驾驶证等）；3. 个人常用设备信息（硬件序列号、手机电脑型号、唯一设备识别码等）；4. 网络身份识别信息（个人信息主体账号、IP 地址等）；5. 个人使用信息（用户生成内容等）；6. 个人位置信息（家庭住址、行踪轨迹、精准定位信息、住宿信息等）；7. 联系人信息（通讯录、好友列表、电子邮件地址列表等）；8. 个人生物识别信息（指纹、声纹、面部识别特征等）；9. 个人通信信息（通信记录和内容、短信、彩信、电子邮件等）；10. 个人运动及生理心理健康信息（如身高、体重、肺活量、身体健康情况、心理健康情况）；11. 个人上网记录（通过日志存储的用户操作记录，包括网站浏览记录、点击数等）；12. 个人财产信息（银行账户、鉴别信息、存款信息、虚拟货币、虚拟交易等）]（得分越高代表管理能力越强，分值为 1~5 分，1~3 项分值为 1 分，4~6 项分值为 2 分，7、8 项分值为 3 分，9、10 项分值为 4 分，11、12 项分值为 5 分）
	边界管理（语境管理）	我只会在家庭沟通中呈现我的个人信息；如果政府出于管理需要，我会呈现我的个人信息；我会在信任的社交圈内分享我的个人信息；我会针对特定的议题需要分享我的个人信息；我会在工作环境中分享我的个人信息；我会在跨文化交流的时候分享我的个人信息
人口统计学特征	性别	男；女
	年龄	自由填空
	职业	行政、事业单位干部；行政、事业单位职工；三资、民营、私营企业高级主管；三资、民营、私营企业中级主管；三资、民营、私营企业职员；国有、集体企业干部；国有、集体企业职工；进城务工人员；学生；专业技术人员（如高校教师、律师、医生等）；下岗、无业、待业人员；中小学教师；离退休人员；自由职业者；个体经营者；农民

续表

类别	因素	选项
人口统计学特征	学历	初中及以下；高中/中专/技校；大学专科；大学本科；硕士及以上
	是否为独生子女	是；否
	婚恋状态	单身；恋爱中；已婚；离异；分居；丧偶
	主要居住状态	独居；和家人同住；和同学或朋友同住/合租；和陌生人合租
	现居住地	国内特大城市（北京、上海、广州、深圳）；国内其他大城市（如各省会城市）；国内中小城市（如各地级县市）；乡镇；农村
	少年（14岁以前）居住地	国内特大城市（北京、上海、广州、深圳）；国内其他大城市（如各省会城市）；国内中小城市（如各地级县市）；乡镇；农村
	月收入	500元以下；500~1 000元；1 001~3 000元；3 001~8 000元；8 001~15 000元；15 000元以上（学生填写每月零花钱金额）
个人特质	自我效能	我有信心应对隐私风险；我能在无人指导的情况下管理好我的隐私；我能在APP使用说明的指导下管理好我的隐私
	网络素养	我能轻松检索、下载网络内容；我能理解网络内容；我会在网络上发表言论并能够参与互动（分析、评价和生产）
隐私特性	隐私关注	（收集、控制和实践感知）我担心隐私泄露；我认为网络环境安全；我掌握了保护隐私的技巧
	隐私经历	我的个人隐私信息（搜索记录、金融账户等）曾被泄露；我的网络内容（如朋友圈内容、个人活动照片）曾被二次或多次传播和滥用
	隐私监视	网络会过多搜集和使用我的隐私；网络会监视我的各种行为
	隐私价值	注册会员送礼物，我就会填个人信息；我愿意花更多的钱购买隐私保护性能强的产品；吃饭时点评送水果拼盘或者菜品，我会写点评信息
	隐私疲劳	对我来说处理关系网络隐私很麻烦；针对隐私协议条款我不会阅读，只会默认同意；我不会采取行动保护我的隐私了
信息环境	人际环境	同事会影响我的隐私管理行为；朋友会影响我的隐私管理行为；家人会影响我的隐私管理行为
	契约环境	我国目前的法律规范能有效保护我的隐私；行业协会（如中国互联网协会）的倡议指导能有效保护我的隐私；网络平台的隐私协议能有效保护我的隐私

续表

类别	因素	选项
信息环境	舆论环境	我认为媒体报道宣传能够促进我的隐私管理行为
	技术环境	我认为网络技术是中立的；我认为网络技术是安全的；我信任网络隐私保护技术（如区块链、隐私计算等，这种技术达到"数据不见面，算法模型见面"的效果，即别人看到的都是脱敏数据）

在此基础上，笔者提出以下研究问题：

1) 网民隐私管理行为如何？

2) 网民隐私管理行为受到哪些因素影响并呈现出何种路径机制？

2.3.4 隐私保护的路径研究

前文所述对隐私概念的整合、隐私观念呈现和隐私管理的相关研究，最终目的都是服务于数字时代的隐私保护。从小处看，隐私保护与数字时代的人格尊严、言论自由密切相关[1]；从大处看，隐私保护是数字经济与数字社会发展的重要保障。

伴随数据要素市场化的提出，隐私数据分级分类成为目前隐私保护的主要研究方向。何俊志和孙婧婧基于信息隐私利用阶段将信息分为四个等级，第一等级包括基本资料、身份信息、网络标示信息、常用设备信息，第二等级包括教育工作信息、健康生理信息和位置信息，第三等级包含财产信息、联系人信息和通信信息，第四等级包含隐秘信息如性取向和婚史及生物识别信息。[2] 徐艺心等认为隐私利用的边界包含群体利用的边界、商业利用的边界和政治利用的边界。[3] 王敏基于传播伦理对隐私展开分级，原则有基于情景、基于目的和基于后果。[4] 徐磊基于APP隐私政策文本对个人信息展开分类，包含个人基本信息、个人身份信息、个人常用设备信息、网络身份识别信息、个人使用信息、个人位置信息、联系人信息、个人生物识别信息、个人通信信息、个人运

---

[1] 令倩，王晓培. 尊严、言论与隐私：网络时代"被遗忘权"的多重维度 [J]. 新闻界，2019 (7)：9.

[2] 何俊志，孙婧婧. 个人信息应用的保护设计与实证进路——基于《民法典》同意原则的博弈分析 [J]. 贵州社会科学，2020 (9)：8.

[3] 徐艺心，宋建武. 互联网个人信息的社会性及其利用边界 [J]. 现代传播（中国传媒大学学报），2015 (7)：6.

[4] 王敏. 大数据时代如何有效保护个人隐私？——一种基于传播伦理的分级路径 [J]. 新闻与传播研究，2018，25 (11)：69-92.

动健康信息、个人上网记录和个人财产信息，共计12类。❶ 2021年12月31日全国信息安全标准化技术委员会发布《网络安全标准实践指南——网络数据分类分级指引》，基于面分类法，对网络数据分类作出指导，包括分类原则、框架和方法。按照其原文内容，数据一般分为网络数据、重要数据、核心数据、一般数据、个人信息、公共数据、公共传播信息、组织数据、衍生数据、商业秘密。数据分类一般遵循合法合规、分类多维、分级明确、就高从严、动态调整原则。数据分类分级框架可以从国家、行业、组织等多个维度展开。从公民个人维度，一般按照是否可识别自然人与自然人关联，将数据分为个人信息与非个人信息；从公共管理维度，将数据分为公共数据和社会数据，目的是促进数据共享开放；从信息传播维度，按照是否具有公共传播属性，将数据分为公共传播信息、非公共传播信息；从行业维度，根据2017《国民经济行业分类》，将数据分为工业数据、电信数据、金融数据、交通数据、自然资源数据、卫生健康数据、教育数据、科技数据等；从组织经营维度，认为可以将个人或组织用户的数据单独划分，以便于业务生产和经营管理，因此组织管理数据分为用户数据、业务数据、经营管理数据、系统运行和安全数据。分级的框架依据《数据安全法》展开，按照数据一旦遭到篡改、破坏、泄露或者非法获取、非法利用，对国家安全、公共利益或者个人、组织合法权益造成的危害程度，将数据从低到高分为一般数据、重要数据和核心数据三个级别，影响对象、影响程度的对应关系见表2.8、表2.9。隐私概念的发展经历了传统到网络的转变，这其中伴随着权利主体的迁移，而在网络时代，信息隐私的发展经历了"控制论"主体的博弈。❷ 隐私保护的最终归途是隐私自主，隐私自主即个人对自己的隐私信息根据自己的意愿进行处置。自主的实现有两种路径：一种是信息自决权，属于人格权的一种，遵循知情同意原则，最终自然人主体享有权利归属，主要包含自然人的人格权益和人格权商业化利用所附带的财产利益；另一种是划分为财产权的一种，数据服务商或者说数据企业享有权利归属，遵循"场景"原则，保护数据服务商和企业的财产利益和经营利益。❸ 而以隐私与财产权结合的理念看待隐私自主，则是基于政治经济学的理

---

❶ 徐磊. 个人信息删除权的实践样态与优化策略——以移动应用程序隐私政策文本为视角 [J]. 情报理论与实践, 2021, 44 (4): 89-98.

❷ 鲁冰婉. 大数据背景下域外信息隐私权的困境及应对——以个人信息控制为切入点 [J]. 情报杂志, 2020, 39 (12): 88-95.

❸ 张忆然. 大数据时代"个人信息"的权利变迁与刑法保护的教义学限缩——以"数据财产权"与"信息自决权"的二分为视角 [J]. 政治与法律, 2020 (6): 53-67.

论渊源，因为隐私概念的兴起与私有财产的建立密切相关，且个体的隐私比私有财产更加不可侵犯。❶从学术角度看，个人自主对于私人治理来说可能是社会效率最高的，甚至是最优的，但前提是需要警惕人工智能或者算法以中立的立场影响个人判断行为。❷

表2.8 数据安全基本分级规则

基本级别	影响对象			
	国家安全	公共利益	个人合法权益	组织合法权益
核心数据	一般危害、严重危害	严重危害	—	—
重要数据	轻微危害	一般危害、轻微危害	—	—
一般数据	无危害	无危害	无危害、轻微危害、一般危害、严重危害	无危害、轻微危害、一般危害、严重危害

表2.9 一般数据分级规则

数据安全级别	影响对象	
	个人合法权益	组织合法权益
4级数据	严重危害	严重危害
3级数据	一般危害	一般危害
2级数据	轻微危害	轻微危害
1级数据	无危害	无危害

隐私保护是系统性工程，受到法律、技术、社会规范结构的影响，其中法学研究是最多的，即从法律视角探究网络时代信息隐私的保护。有研究者认为需要在界定隐私的基础上确立原则，包括最低限度、高门槛准入、利益相关者知情、社会许可、事后补救、目的结果一致、明确责任承担、设定时间限

---

❶ 吴帮乐. 人工智能终结了个人隐私吗？——从《咖啡机中的间谍：个人隐私的终结》谈起[J]. 科学与社会，2021，11（2）：79-93.

❷ 邵国松，黄琪. 人工智能中的隐私保护问题[J]. 现代传播（中国传媒大学学报），2017（12）：5.

制[1]，或者通过法学判例分析数字时代公民的隐私主张[2]，这些一定程度上反映了法律重心从数据收集向数据处理环节及隐私自治的方向转移。而从具体的落实来看，主要有两种路径：一是规范性的法律，二是物质性的保障。[3] 新闻传播、信息管理等学科侧重从技术和模型角度展开隐私保护研究。[4] 布劳恩利希（Bräunlich）等通过建立整合型隐私模型，包含传播语境上下文、保护需求、威胁和风险分析及保护实施，为数字时代的隐私侵犯和隐私保护提供基础。[5] 针对隐私管理基于语境的理念，胡凌提出信息隐私的保护应该确保数据在特定群体展开网络传播，确保隐私没有出圈[6]，法律上加强隐私的语境管理成为必然趋势[7]。此外，媒体的议程设置影响个体的隐私保护行为。[8] 从技术角度，则是隐私、数据保护、安全、问责制和透明度必须包含在网络、服务架构和基础设施的设计中，明确问责制度，设计可信赖的互联网基础设施，并确保在全球化的世界中具有普遍操作意义。[9] 隐私计算和隐私增强计算的研究是近年来的热点。隐私的保护还要结合社会规范进行价值权衡。隐私保护更多侧重其重要性，包括独处偏好、人格尊严、自主与自由、亲密关系（尊重隐私为前提的披露）、创新（给予试错机会）、缓解压力（台前幕后的调整）、风化得体、避免社会信息过载。另外一种声音则是反对保护，主要理由有影响数字时代的交易效率，会削弱违法、失德行为的社会控制，不利于公众的监督，会让社会阶层固化。在学术理论研究层面，常用的是福柯（Foucault）的话语理论、拉图尔（Latour）的如何制造"隐私"和艾德曼（Erdmann）的符号式合

---

[1] 王俊秀. 数字社会中的隐私重塑——以"人脸识别"为例[J]. 探索与争鸣，2020（2）：86-90.

[2] 李婷婷，张明羽. 信息社会的隐私权利主张与司法回应——基于隐私侵权案由裁判文书的内容分析[J]. 国际新闻界，2019，41（12）：85-107.

[3] 卢家银. 论隐私自治：数据迁移权的起源、挑战与利益平衡[J]. 新闻与传播研究，2019（8）：71-88.

[4] 顾理平，范海潮. 网络隐私问题十年研究的学术场域——基于CiteSpace可视化科学知识图谱分析（2008—2017）[J]. 新闻与传播研究，2018，25（12）：18.

[5] BRÄUNLICH K, DIENLIN T, EICHENHOFER J, et al. Linking loose ends: an interdisciplinary privacy and communication model [J]. New Media & Society, 2021, 23 (6): 1443-1464.

[6] 胡凌. 个人私密信息如何转化为公共信息[J]. 探索与争鸣，2020（11）：27-29.

[7] 杨先顺，李德团. 转化、调适与伦理：互联网资本介入传媒产业的行为分析——基于AST理论的视角[J]. 现代传播（中国传媒大学学报），2019，41（7）：128-132.

[8] BRIAN T C, LONG D. Government and corporate surveillance: moral discourse on privacy in the civil sphere [J]. Information, Communication & Society, 2021 (24): 1, 52-68.

[9] ROOY D V, BUS J. Trust and privacy in the future internet—a research perspective [J]. Identity in the Information Society, 2010, 3 (2): 397-404.

规理论。

从国际实践经验看，德国从个人角度切入信息自主，前提是个人可以控制信息，但缺点是分离了个体人格的精神特征，因此欧盟立法虽然强化了个人对信息的控制程度，但结果却与初衷相违背，并在一定程度上阻碍了创新发展。美国的隐私保护基于大数据时代"控制论"的无效说，在《网络世界的消费者数据隐私：隐私保护和推动全球数字经济创新框架》(Consumer Data Privacy in a Networked World: a Framework for Protecting Privacy and Promoting Innovation in the Global Digital Economy) 中提出"尊重语境、语境一致"原则，并将语境设置为三个因素，即行为因素、信息类型和传递规则。这种判定模式将隐私保护细化为不同的语境，通过细化的领域展开立法，如金融、医疗、儿童等领域，其他的领域遵循市场发展需要。❶ 由于儿童生理、心理不成熟，美国《儿童在线隐私保护法》中相较于"财产说"，更侧重保护儿童人格尊严和人格自由。❷ 欧盟信息社会安全、隐私和可信度研究与创新委员会针对未来隐私全球保护提出六项建议，包括：①信任、隐私和身份管理框架，包括作为首要任务的标准问题；②将技术、政策、法律和社会经济行为者聚集在一起，以发展可信赖的信息社会的具体举措；③开发用于身份和认证管理的欧盟通用框架；④作为整体一致的法律和技术生态系统的一部分，进一步发展欧盟数据保护和隐私法律框架；⑤开展大规模行动，建设值得信赖的信息社会；⑥解决全球问题并促进参与国际讨论。❸ 美国修订了2018年《加州消费者保护法案》(CCPA)，并将其适用范围扩大到收集加州居民个人信息的营利性企业，这些企业在加州开展业务，并且①在上一个日历年拥有2 500万美元或以上的年收入；②购买、出售或分享10万或以上消费者或家庭的个人信息；或③通过出售或分享消费者的个人信息获得至少一半年收入。重要的是，美国2018年《加州消费者保护法案》扩大了受保护企业的定义，而它只适用于"为商业目的"分享个人信息的企业，从而限制了受保护企业的范围。《加州隐私权法案》(CPRA) 取消了"商业目的"的限定条件，将适用范围扩大到分享10万或更多消费者的个

---

❶ 齐鹏飞. 论大数据视角下的隐私权保护模式 [J]. 华中科技大学学报（社会科学版），2019 (2)：11.

❷ 单勇. 未成年人数据权利保护与被害预防研究——以美国《儿童在线隐私保护法》为例 [J]. 河南社会科学，2019，27 (11)：49-57.

❸ O'NEILL B. Trust in the information society [J]. Computer Law and Security Review: the International Journal of Technology and Practice, 2012, 28 (5): 551-559.

人信息或通过分享消费者的个人信息获得至少一半年收入的企业。当下我国各地建立数据交易所,亦是通过此种方式探索数据确权和推动数据市场化发展。

综上所述,在目前的研究中,主要有三种取向:一是伴随数据要素市场化的提出,很多研究者认为在隐私数据分级分类的基础上,用传统的银行理念建立数据银行或数据信托,这也被认为是实现隐私自主的重要路径;二是基于协同视角和网络社会治理的参与主体进行隐私保护;三是隐私保护的国际经验。

在此基础上,本书提出以下要研究的问题:

1) 隐私保护中各个主体的功能角色是什么?
2) 数字时代隐私自主的模型如何建构?

2.4 问题细化

通过上述四个层面的文献梳理,可以发现隐私概念和观念的发展是具有张力的,随着技术和社会文化环境而变迁,明确当下网民的隐私观念是确保政策落地可能性的重要基础。观念受到各种因素的影响,因此从社会科学角度探讨影响网民隐私管理的因素是必须的,这包含边界、模式和不同主体等。如果说观念调查分析是解决隐私"是什么",隐私管理是解决"为什么"的问题的话,隐私保护路径就是解决数字时代"怎么做"的问题,即数字时代该如何保护网民隐私。

因此,在本书第一个大的研究问题层面,即"是什么",提出以下具体的研究问题。

1) 从传统隐私到网络隐私,发生了怎样的变化?
2) 从全球化与社会变迁视角如何理解这种变化?
3) 整体来看,2015—2021年间,网民在微博平台上如何讨论隐私?
4) 在微博平台的话语实践反映了网络空间中数字隐私的何种特征?
5) 在此基础上,作为网民如何认知数字时代的隐私?

在明确了隐私观念后,本书结合文献和大数据分析结果对量表内容进行更新调整,进一步调查观念背后行为的影响因素,即"为什么",基于传播隐私管理理论展开研究综述和设计,并提出研究问题和研究假设,即网民隐私管理行为及其影响因素是什么。因此,本书第二个大的研究问题就是网民隐私管理行为受到哪些因素影响并呈现出何种路径机制。

基于此，提出如图2.5所示的研究假设模型，并提出以下研究假设。

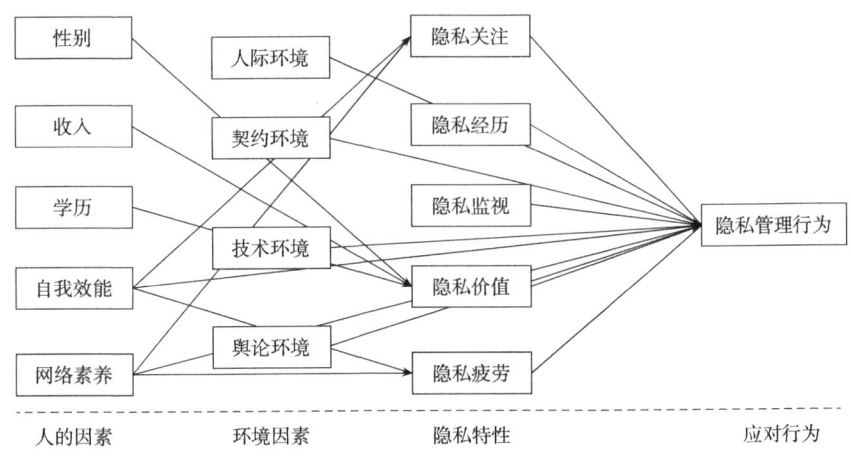

图 2.5 研究假设模型

6）隐私特性与隐私管理行为。

H1a：就隐私特性来说，隐私关注正向影响隐私管理行为。

H1b：就隐私特性来说，隐私经历正向影响隐私管理行为。

H1c：就隐私特性来说，隐私监视正向影响隐私管理行为。

H1d：就隐私特性来说，隐私价值正向影响隐私管理行为。

H1e：就隐私特性来说，隐私疲劳负向影响隐私管理行为。

7）信息环境与隐私管理行为。

H2a：就信息环境来说，人际环境正向影响隐私管理行为。

H2b：就信息环境来说，契约环境正向影响隐私管理行为。

H2c：就信息环境来说，舆论环境负向影响隐私管理行为。

H2d：就信息环境来说，技术环境正向影响隐私管理行为。

8）个人特质与隐私管理行为。

H3a：就个人特质来说，自我效能正向影响隐私管理行为。

H3b：就个人特质来说，网络素养正向影响隐私管理行为。

9）个人特质与隐私特性。

H4a：自我效能正向影响隐私关注。

H4b：自我效能负向影响隐私疲劳。

H4c：网络素养正向影响隐私关注。

H4d：网络素养负向影响隐私疲劳。

10）人口因素与隐私特性。

H5a：与女性相比，男性更注重隐私价值。

H5b：收入对隐私价值具有正向影响。

H5c：学历对隐私价值具有正向影响。

此外，以隐私管理行为作为因变量进行深描式逻辑回归分析，在模型中纳入了人口统计学中的信息，包括性别、年龄、职业层级、学历、是否为独生子女、婚恋状态、居住状态、现居住地、少年居住地、月收入等变量，以考察其影响及交互效应。

在观念明确和影响因素确定的基础上，进一步以网民为主要切入点展开深度访谈，试图解决数字时代隐私保护"怎么做"的问题。基于此，提出以下研究问题：

11）隐私保护中各个主体的功能角色是什么？

12）数字时代隐私自主的模型如何建构？

2.5 小　　结

隐私的概念经历了从传统二分法到网络隐私基于语境研究范式的转变，隐私功能和重要意义也在随之发生变迁。就功能而言，传统隐私中对私人领域的保护是出于平衡社会矛盾的需要，网络隐私则更加注重信息隐私的安全。就意义来说，隐私不再局限于国家安全和个人创造性的发挥，其经济价值的突出需要政府、企业和个体重新思考隐私让渡的边界。这背后与全球化发展、跨国公司的崛起、社会制度文化的差异等因素密切相关。

在隐私观念的呈现与阐释部分，社交媒体的发展带来了研究范式的转变，基于平台的全文本分析成为重要的研究方向，这对于理解网民观念具有重要意义。笔者通过梳理新媒体时代的呈现范式，发现阐释研究往往遵循两种路径，一是基于特定议题，二是语义网络分析，为理解网民意见、观点，进而明确隐私观念，为政府部门制定政策提供参考。

在隐私管理的相关研究中，基于边界的隐私管理研究最多，主要分为宏观和微观两种模式，并形成多种主体参与的管理研究和影响因素研究。在明确隐私管理大的研究范式基础上，基于隐私观念探讨数字时代影响网民隐私管理的因素，对于深入协同解决隐私保护问题具有重要意义。

在隐私保护的路径研究中，对隐私保护的研究取向、隐私保护的相关主体和国际经验进行梳理，在明确隐私观念和隐私管理影响因素的基础上，试图基于利益相关者，运用深度访谈的方法进行数字时代隐私保护路径的探索。

第3章 研究设计与研究方法

为了解答第2章中提出的问题，将采用大数据分析、问卷调查和深度访谈等方法开展研究。笔者根据研究问题将研究框架和思路分为三部分，分别回答第2章中提出的问题。本章的内容安排如下：首先介绍研究设计及框架；接着介绍为何要采用大数据分析方法、问卷调查法和深度访谈法，以及这三种分析方法的实施；最后对数据的处理与分析、问卷的发放与收集、访谈样本的选取与概括进行说明。

3.1 研究框架

第2章对隐私概念的变化进行了梳理，为了进一步探讨数字时代的隐私观念，本书将运用大数据分析方法，梳理总结出网民的隐私观念；在此基础上，运用问卷调查的方法，深入探讨影响网民隐私管理的因素；最后，基于前期文献分析、参与式观察、大数据分析、问卷调查的结果，对与隐私相关的利益群体即网民、政府部门、平台、行业进行深度访谈，试图确定各自的角色功能，从而构建隐私自主模型。研究框架如图3.1所示。

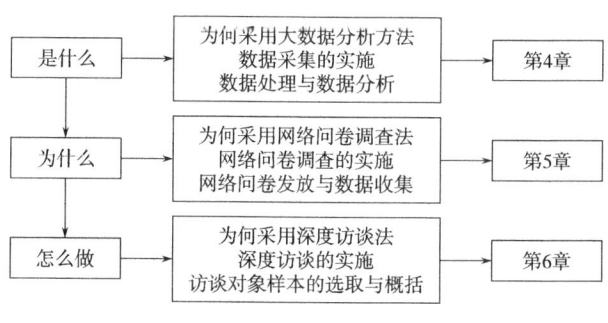

图 3.1 研究框架

3.2 基于大数据分析的研究

大数据的发展为理解网民观念和开展传播效果评估研究提供了全新视角。随着大数据方法的引入，网民观念调查和传播效果评估正在突破现有方法的边界，当前面临的部分评估难题有望解决，可以通过对机器学习、深度学习和自然语言处理等大数据技术的融合和应用，从需求导向和问题导向出发，对原有的分析手段进行更新，形成"数据+技术+评估"的系统整合与思路创新。通过综述部分对新媒体时代研究范式的梳理发现，大数据分析通过数据的采集、挖掘和可视化正在形成一种独立的研究方法。有研究者基于实证传播学方法对大数据分析研究进行了说明，资料收集主要来源于传感器、系统日志文件和网络爬虫等，主要的分析方法包含社会计算、机器学习、深度学习、可视化分析和知识计算。❶ 但需要注意的是，伴随网络治理的纵深化发展，网络舆论的审查正在变严，网民的沉默行为、言论自由与隐私管理是值得研究的❷，后文将通过问卷调查和深度访谈的方法分析网民隐私观念和隐私管理背后的因素。

3.2.1 为何采用大数据分析的研究方法

就隐私问题而言，在数字环境下面临视频监控与隐私信息的透明化、数据挖掘对信息隐私的整合、信息交换与信息隐私管理的失控、信息分享与隐私信息的自我扩散四个方面的问题。❸ 大数据分析的意义不仅在于改善传统传播效果，还在于可以全方位、多层次收集网民建议，这是数据主体的意义所在。❹ 就本书的研究对象而言，通过对网民在社交媒体平台数据的抓取，可以进一步了解网民的隐私观念，在此基础上，运用大数据分析的方法，了解网民的隐私关注，为数字时代网民隐私管理的问卷调查提供变量补充，丰富数字时代的隐私话题研究。

---

❶ 刘德寰，李雪莲. 实证传播学的方法树及其应用逻辑［J］. 广告大观（理论版），2018（5）：5.
❷ ZHU Y, FU K. Speaking up or staying silent? Examining the influences of censorship and behavioral contagion on opinion (non-) expression in China［J］. New Media & Society，2021，23（12）：3634-3655.
❸ 顾理平. 大数据时代隐私信息安全的四重困境［J］. 社会科学辑刊，2019（1）：6.
❹ 刘德寰，李雪莲. 大数据重塑新闻业［J］. 中国出版，2017（5）：6.

3.2.2 数据采集的实施

研究中将数据抓取的平台聚焦在微博平台。微博被看作中国版的推特，它拥有众多用户，是重要的信息聚合平台，用户参与和发表门槛较低，为中国公民社会和公共领域的发展做出了巨大贡献。❶ 微博财报显示，截至2024年12月，微博月活跃用户达5.9亿，日活跃用户达到2.6亿，日活跃用户规模同比净增2 300万。作为中文互联网最大的公众舆论场和消息集散地，微博鼓励分享的"热点+社交"模式带给用户的体验和凸显的传播价值是许多后起的社交平台无法取代的。超5亿月活跃用户带来的天然讨论量，以及在面对各种天灾人祸、热点娱乐事件时强大的公益号召力❷，伴随其在各大行业领域的覆盖面不断扩大，使其在新闻舆论、综艺娱乐等方面持续保持绝对影响力。

大数据时代，数据将重塑生产、消费及生活方式，数字经济也将重构经济社会运行模式。数据越发渗透到政府管理及经济社会生活之中，政府部门内部及其与公民社会的关系将被重构，形成新的网络治理模式。2015年是中国进入数字社会的关键节点，这一年"大数据"成为"两会"关键词，《关于积极推进"互联网+"行动的指导意见》《促进大数据发展行动纲要》《关于运用大数据加强对市场主体服务和监管的若干意见》《中国制造2025》（国发〔2015〕28号）等一系列"组合拳"文件的出台激励了数字社会的发展。伴随数字化的纵深发展，隐私成为迫切面临的话题。2021年8月20日，第十三届全国人民代表大会常务委员会第三十次会议表决通过《中华人民共和国个人信息保护法》，并于2021年11月1日起施行，与《中华人民共和国网络安全法》《中华人民共和国民法典》《中华人民共和国数据安全法》一起成为数字时代公民信息隐私保护的重要法律依据。其发布必然会对网民隐私产生影响。政策影响数字社会发展方向，平台影响话语实践的方式，就隐私的研究而言，数字时代的隐私与我国数字化领域文件的出台密不可分，因此本书收集了从2015年1月1日到2021年12月31日共计七年的数据，这对于系统理解数字时代的隐私具有重要意义，也是理解中国社会网民隐私观念的重要参考。就

---

❶ LU J, QIU Y. Microblogging and social change in China [J]. Asian Perspective, 2013, 37 (3): 305-331.

❷ 澎湃新闻. 市值被小红书超过，微博还有想象空间吗？[EB/OL]. (2021-11-23) [2022-01-20]. https://www.thepaper.cn/newsDetail_forward_15510359.

国内而言，这可为法律配套条例的实施提供参考；对国际而言，目前关于数字时代隐私权的讨论还存在一定争议，美国主流是"市场说"，欧洲主流是"人格权说"，我国选择的则是一种相对折中的路径，系统性的调查使我们在参与制定世界隐私保护方面的规定时能够贡献中国的话语实践。

3.2.3 数据处理与数据分析

作为网络社会治理的前提，我们需要重新理解，网络空间的中国网民隐私观念现状如何？在综述的基础上将从传播者、传播内容和传播效果三个层面将研究问题细化为三个具体的问题：

1）整体看来，2015—2021年间隐私话题呈现的网络讨论整体特征如何？高频词有哪些？

2）根据语义网络的分析，在微博平台的话语实践反映了网络空间中数字隐私的何种特征？

3）在大数据时代，如何认识和理解隐私？

本书将采用语义网络分析探究2015—2021年间微博平台的隐私话语实践。与通过编码对文本主题内容进行分析不同，语义网络分析展示了消息内容对象之间的关系网络，并基于网络图分析和解决问题。可以说，在社交媒体时代，语义网络分析一方面降低了人工编码的成本，另一方面可以在一定程度上避免主观性，能够较准确地提炼研究文本的核心内容和议题模块。❶ 语义网络研究者认为，通过统计词频、词对的共现及其距离，可以进一步探讨文本的深层意义、内容中涉及的方面和偏向性。❷ 本书将运用语义网络分析方法对微博平台上隐私讨论话题的词频词对进行分析和可视化，依此分析数字时代网民的隐私观念。

在数据采集上，利用Python对2015年1月1日到2021年12月31日微博平台上关于"隐私"的原创数据进行抓取，得到共计46 031条数据。为保证数据质量，进行了数据清洗，删除同一ID同一微博内容和重复无效的内容，最后得到共计45 015条数据。

---

❶ 纪娇娇，申帆，黄晟鹏，等. 基于语义网络分析的微信公众平台转基因议题研究[J]. 科普研究，2015，10（2）：21-29.

❷ KYOUNGHEE K, GEORGE A B, HAO CHEN. Assessing cultural differences in translations: a semantic network analysis of the Universal Declaration of Human Rights [J]. Journal of International & Intercultural Communication，2009，2（2）：107-138.

在分词处理上，对清洗后的 45 015 条数据进行分析，保留所有的名词、动词和形容词，去掉杂散标点符号和"啊""嗯""哦"等语气词，然后生成分词文本和高频词表。由于分词系统词典的限制，分词文本里有些固定搭配不能被识别，所以对初步生成的分词文本进行筛查，纠正和处理不合理的分词，得到适用于中国语境的分词文本。在此基础上，构建词频共现矩阵，界定与"隐私"一同出现 200❶ 次以上的词频，然后基于共现频率形成整体的语义网络图。

在聚类分析上，集群是密集连接的节点子集，彼此之间的相关性比与网络中其他节点的相关性高，语义集群可以反映嵌入隐私概念中的独特意义维度。为了获得最佳结果，聚类分析和可视化中排除了关键词"隐私"。

在可视化呈现上，选择了可视化开源软件 Gephi（Gephi-0.8.1-beta）。将上述所得词和词对频率导入 Gephi 生成可视化图，进一步分析隐私讨论的语义网络、事件的网络模块，从而阐释其观念呈现。经过三次数据清洗，过滤掉孤立的点，最终形成 1 367 个节点和 450 896 条边，在全局图的基础上进行模块化计算，得到 4 个议题模块。

3.3　基于网络问卷调查的研究

经过语义网络分析有了图谱式的观念了解之后，为了分析中国网民在数字情境下隐私认知及隐私保护的影响因素，需要进一步通过因果关系的探讨理清哪些变量影响隐私观念和隐私管理行为，以及网民个体的隐私保护受到何种因素影响，甚至包括对未来隐私保护有何种期待等问题。笔者采取了问卷调查的方法。

3.3.1　为何采取网络问卷调查的研究方法

问卷调查是建立在个体资料上的整体分析。❷ 隐私法最核心的就是解决社会规范问题，其中最核心的是合理隐私预期，而合理隐私预期需要进行实证调研。既有的人际关系网络结构与隐私预期的研究，往往通过隐私管理进行测

---

❶ 需要说明的是，算法会计算图结构凝固程度和节点对外的使用自由度，给出建议阈值，笔者在尝试几个阈值之后，发现 200 是图示图呈现效果和聚类模块比较好的阈值。

❷ 刘德寰. 年龄论：社会空间中的社会时间 [M]. 北京：中华工商联合出版社，2007：8.

量。❶ 问卷调查法通过抽样能够获得具有代表性的样本。一般来说，样本的特征要能反映较大群体的特征。研究者通过设计严谨、标准化和结构化的问卷，最大程度保证从所有受访者那里获取相同形式的数据。问卷调查法所具有的统一、精确、稳定和实用等特点使得其检验结果相对客观和科学，并且能推进理论的抽象化及概括性，提升对现象之间的相关分析或者因果关系分析的效果。因此，本书针对考察网民隐私观念与隐私保护行为的影响因素这一问题采取了问卷调查的研究方法。

一是许多文献针对隐私问题的研究都采取了问卷调查的研究方法，但针对的样本人群不多，以老年人、大学生、儿童等特定人群样本居多，没有进行全体网民的抽样调查。考虑到研究效果的法则化❷，极端或者个别案例对于隐私某一议题或许更有针对性，但是对于网民整体的隐私观念的调查来说并不是最好的选择，本书基于网民特征分布的样本对政策制定有启示意义。二是多数学者往往基于特定技术产品类型展开研究，如生物识别技术❸、社交媒体❹等，欠缺对数字环境下整体隐私认知与保护行为的研究。三是从调查技术来说，问卷调查具有长久的发展历史。在开创阶段，社会心理学家李克特在1932年提出五级量表。在拓展阶段，电子通信技术如电话、电子邮件等成为问卷调查的主要手段。伴随互联网的崛起，网络调查公司崛起，国际上产生了一批优质的网络调查公司，如Qualtrics、YouGov和SurveyMonkey等，国内也出现了以腾讯问卷、问卷网、问卷星为代表的网络调查平台。一般来讲，网络平台具有相对智能的编辑、排版、发布和回收功能，以其标准化的处理方式得到越来越多公共机构、私营组织乃至行业的青睐，但问卷的"刷单"行为和用户隐私泄露的风险是需要调查公司平衡的❺。此外，网络调查问卷的效度和信度也需要在实践中进一步验证。

综上，不同于传统的问卷调查主要采用自答式或访谈式，特别费时费力，需要提前预约访谈对象，安排邮寄或者约定地点，但精准度和针对性相对较

---

❶ 戴昕. "看破不说破"：一种基础隐私规范 [J]. 学术月刊, 2021, 53 (4)：104-117.
❷ 杨伯溆. 电子媒体的扩散与应用 [M]. 武汉：华中理工大学出版社, 2000：53.
❸ 郭巧敏, 杨伯溆. 让渡隐私成为必然代价？生物识别技术的行为意图分析 [J]. 中国传媒报告, 2020 (4)：25-36.
❹ 徐敬宏, 侯伟鹏. "隐私担忧"的中介效应：基于对大学生微信使用的结构方程模型分析 [J]. 传播与社会学刊, 2020 (54)：59-94.
❺ 邵国松, 谢珺. 我国网络问卷调查发展现状与问题 [J]. 湖南大学学报（社会科学版）, 2021, 35 (4)：149-155.

高，网络问卷主要基于某一问卷平台展开，具有匿名性的特征，成本低，回收速度快，不受时间和地点限制，更加便捷，参与的人员也比较多。

3.3.2 网络问卷调查的实施

本书选择通过腾讯问卷平台收集在线问卷数据。腾讯问卷前身是腾讯公司内部进行用户、市场、产品研究的重要工具，已积累了大量的问卷题型和问卷模板。为更好地为用户提供一站式互联网服务，腾讯问卷于2014年年底正式对外开放使用，截至2021年10月底，已经有超过24亿的填写量，并形成了不同类型调查的模板，如身体健康状况调查模板、社交网站满意度调查模板、数据家电类产品满意度调查模板、国际标准智商测试模板、团购网站用户满意度测试模板等。问卷平台有明确的服务协议，用户可以通过空白问卷或者模板问卷等形式制作问卷，受访者可以用微信或者QQ作答。

网络调查的抽样（sampling）全域（universe）或总体（population）为我国境内满14周岁及以上的网民，所以非网民会排除在外。因为本次调查问卷选择了企鹅有调调研平台，所以此次调查的抽样全域或总体为该平台上所有14周岁及以上的网民。❶ 基于配额抽样（quota sampling）的方式对问卷进行回收，配额标准是性别、年龄、城乡这三项人口特征的比例与中国互联网用户的各项比例尽量接近。

最终发放的问卷主要由三部分组成。第一部分是卷首语，包括开展此次调查的背景和研究目的、对被调查者的承诺等。第二部分是正式问卷，主要由量表题和单选矩阵题构成。在量表选择方面，选项采用5级李克特量表，选项从"非常不认同"到"非常认同"，进行1~5分的赋值。之所以采取这种形式，是因为每个变量都有相同的重要性或同等的强度，能够通过指标之间的强弱结构提供更有保证的排序。之所以选择矩阵题，是为了方便网民迅速熟悉形式，对于研究来说则可以对比不同答案的赞同强度。❷ 考虑到一开始就询问用户个人信息不妥，将问卷第三部分设置为受访者的基本人口学信息调查，包括年龄、性别、职业、学历、是否为独生子女、婚恋状况、主要居住状态、现居住

---

❶ 2021年11月1日《中华人民共和国个人信息保护法》正式施行，其中规定：个人信息处理者处理不满14周岁未成年人个人信息的，应当取得未成年人的父母或者其他监护人的同意。基于学术伦理和研究周期的考虑，此次选取的样本为14周岁及以上的网民。

❷ 艾尔·巴比. 社会研究方法 [M]. 邱泽奇，译. 北京：华夏出版社，2005：31.

地、少年时代居住地、月收入，共计10个变量。

需要说明的是，网络的碎片化使用、应用场景切换、网民注意力不集中等问题会影响问卷填答质量，问卷设计本身也会影响调查质量。为了减少这些因素对数据质量的影响，笔者采取了几项措施。一是在网络问卷的排版方面，将单选、多选或者开放型题目形式尽可能设计得多元，如采用矩阵量表、矩阵单选、单选等不同的形式，在问卷的"皮肤"和封面选择上也尽可能考虑到网民的视觉诉求。二是问卷是在隐私观念研究中大量地定量和定性分析文献的基础上完成的，就效度而言，问卷中几乎所有问题都已经被其他调查者研究证实过，并使用SPSS对问卷结果进行了信度分析。三是明确问卷的提问原则，避免否定性和倾向性（bias）的话语，因为有些受访者会忽略"不"字，混淆问题的指向。四是在进行大规模的正式调查之前，于2021年10月至12月进行了30份左右问卷的小样本试点调查（pilot study）。笔者邀请30名受访者填写问卷，然后询问这些受访者填写问卷的困难和对问卷设计的建议，确保问卷问题清楚、不重复，受访者可以胜任问题。在此基础上，针对一些题目进一步调整、删减，增加题目或选项，精炼问题和表述，最终形成用于网络抽样调查的问卷，详见本书附录C。五是对研究中涉及的独立变量、中间变量和因变量进行具体分析，对其结构和起源进行讨论。所分析的独立变量包括性别、年龄、月收入等人口统计学信息。隐私变量的测量均有对应量表和实践调查支撑。检查每个变量的分布，主要是为了满足一些统计学上的要求，如在回归分析中所有的变量必须具有正态分布❶，所以对于那些在分布上有正向或反向偏差的变量就有必要进行转换❷。六是明确问卷的筛选标准。皮尤研究数据显示，网络调查中虚假数据占4%~7%❸，因此笔者对平台收集的问卷采用了以下控制方法：①IP地址验证，在发放网络问卷的调查平台中设置了IP地址重复即无效的规则，以保证每位被试者答卷的唯一性；②问卷中选择题和量表题穿插设置，如果被试者连续10题或以上答案相同，则其答卷将被判为无效；③被调查者用时低于240秒的答卷将被筛除；④被调查者使用网络超过半年，且年龄

---

❶ 杨伯溆. 电子媒体的扩散与应用[M]. 武汉：华中理工大学出版社，2000：62.

❷ 一般来说，转换分为四种：对数转换（logarithmic）、双曲线转换（hyperbolic）、平方转换（square）和立方转换（cube）。

❸ KENNEDY C, HATLEY N, LAU A, et al. Assessing the risks to online polls from bogus respondents[R]. Pew Research Center, 2020.

不低于 14 周岁，问卷中会有一道专门的题目协助剔除无关样本。❶

3.3.3 网络问卷发放与数据收集

笔者选择了专业的样本数据库腾讯问卷提供的样本服务（平台已经有效回收 24 亿份问卷），通过其样本回收服务来回收问卷。笔者根据《中国互联网络发展状况统计报告》中提到的互联网用户特征对样本回收提出配额抽样的要求。因此，需要先确定总体中的特性分布，也就是明确后续抽样所依据的控制特征，并通过配额的方式确保在这些特征上（主要是性别和年龄两个变量）样本的构成与总体的构成在较大程度上一致。接着，按照配额控制样本的抽取工作，使得抽出的样本在要求的规定元素上适合研究的需要。

由于隐私观念和隐私保护与数字社会的发展是相辅相成的，所以其天然地具有互联网的属性，要求使用者具有一定的计算机知识和理解能力。尤其是在不同场景中产生隐私保护行为，必须对数字时代的隐私有一定的认知。这要求使用者必须在一个具备网络的环境中，拥有与网络相联的计算机或手机，具有一定的计算机和网络知识和技巧。

本书按照中国互联网络信息中心公布的《中国互联网络发展状况统计报告》中的中国网民人口结构进行配额抽样（见后文表 5.1）。❷ 要求回收的样本在性别、年龄这两项人口特征上的比例与中国互联网用户的各项比例尽量接近。在回收的有效问卷中，根据这两项人口特征调整样本结构，最终得到与中国互联网用户主要人口特征大体接近的样本用于研究。笔者于 2021 年 12 月—2022 年 1 月共发放 1 075 份问卷，回收有效问卷 1 048 份，样本与中国互联网网民特征比较接近，因而可近似地作为随机样本使用。

性别层面，第 48 次《中国互联网络发展状况统计报告》显示我国网民结构中男女比例为 51.2∶48.8，本次问卷中，男性比例为 48.4%，女性比例为 51.6%，与以上比例基本一致。

年龄层面，第 48 次《中国互联网络发展状况统计报告》显示，我国 30~39

---

❶ 问卷抽样依据第 48 次《中国互联网络发展状况统计报告》展开，因此对网民的界定采取与其一致的说法，即使用网络超过半年，年龄大于等于 6 岁的才称之为网民，但考虑到《信息保护法》的相关要求，此次最终选取 14 周岁及以上的网民作为研究对象。

❷ CNNIC. CNNIC：2021 年第 48 次中国互联网络发展状况统计报告-网民属性结构 [EB/OL]. (2021-10-25) [2022-01-20]. http://www.cnnic.net.cn/hlwfzyj/hlwxzbg/hlwtjbg/202109/P020210915523670981527.pdf.

岁网民占比为20.3%，在所有年龄段群体中占比最高；40~49岁、20~29岁网民占比分别为18.7%和17.4%，在所有年龄段群体中占比位列第二、三位。问卷调查中，14~19岁的受访者占6.9%，20~29岁的占比为36.5%，30~39岁的占39.5%，40~49岁的占11.7%，50岁及以上的占5.4%，与第48次《中国互联网络发展状况统计报告》中网民年龄分布情况基本相符。

学历层面，本次调研基于国家统计局统计标准，将学历分为初中及以下、高中/中专/技校、大学专科、大学本科、硕士及以上，分别占8.9%、19.8%、22.0%、44.3%、5.0%。

此外，因为本书聚焦于对网民的调查，为进一步探究人文社会科学研究中"人"的因素，参考刘德寰教授的系列研究，进一步对网民职业、是否为独生子女、婚恋状态、居住状态、现居住地、少年居住地、月收入等情况展开调研，作为进一步探究影响隐私管理行为的因素。

3.4 基于深度访谈的研究

深度访谈是探究被访者在访谈时赋予自己的话语和行动的意义，这一探究过程是通过访谈者对原始文本的解读和诠释来实现的。原始文本不仅包括访谈时受访者表达的话语，还包括访谈者观察到的被访者的表情、语气、服饰等非语言符号及受访者的行动和所处情境。[1] 其根本目的是挖掘被访者的独特看法，经由日常生活了解被访者的想法，进而分类研究。

本书最终的落脚点是探寻数字环境下隐私自主的道路，而网络空间中的治理主体往往是多元的，通过对当下网民隐私观念的调查，展开对网民、政府部门、企业和行业的深度访谈，试图构建一条有助于隐私自主的路径。

3.4.1 为何采用深度访谈的定性研究

以往的隐私话题研究中，研究最多的为法学领域，特别是民商法领域，主要从法理学角度探索信息隐私的界定与保护[2]，如科技与法律的结合[3]、隐私

---

[1] 杨善华，孙飞宇. 作为意义探究的深度访谈 [J]. 社会学研究，2005（5）：53-68.
[2] 王利明. 民法典人格权编的亮点与创新 [J]. 中国法学，2020（4）：21.
[3] 许可. 个人信息治理的科技之维 [J]. 东方法学，2021（5）：57-68.

权的界定❶等。国内新闻传播研究主要有分析隐私政策❷、问卷调查分析隐私观念❸为主、以案例分析梳理不同国家隐私保护特征❹、以文献计量统计隐私话题研究❺、分析不同群体的隐私保护❻等，也有对智能技术环境下隐私风险问题的探讨❼。在新冠肺炎疫情防控期间，卢家银以保护动机理论为基础构建了理论模型，对该时期互联网用户的隐私保护行为及其影响因素展开了实证分析。❽信息管理领域则对隐私政策文本❾、隐私影响评估标准❿、医疗隐私等方面展开研究。在方法选取上，整体以定量研究为主。在本次研究中，笔者基于利益相关者理论的视角，研究自然情境下发生的隐私保护实践，并通过深度访谈试图构建隐私自主模型，从微观上讲可以为大规模的数字时代隐私保护研究的问卷调查和隐私政策落地提供参考，从宏观上讲有助于应对当下隐私保护的困境。

3.4.2 深度访谈的实施

考虑到隐私议题是与每个人息息相关的，在前期文献综述的基础上，笔者已将网络空间的参与者概化为四类主体，即网民、政府部门、企业和行业组织。需要说明的是，对于企业主要调研的是平台公司，对于政府部门主要侧重政策法律的解读，对于行业组织主要通过参与协会对话调研，但这些主体的发

---

❶ 张新宝. 从隐私到个人信息：利益再衡量的理论与制度安排 [J]. 中国法学，2015 (3)：38-59.

❷ 徐敬宏，赵珈艺，程雪梅，等. 七家网站隐私声明的文本分析与比较研究 [J]. 国际新闻界，2017, 39 (7): 129-148.

❸ 申琦. 风险与成本的权衡：社交网络中的"隐私悖论"——以上海市大学生的微信移动社交应用（APP）为例 [J]. 新闻与传播研究，2017, 24 (8): 55-69, 127.

❹ 徐敬宏. 欧盟网络隐私权的法律法规保护及其启示 [J]. 情报理论与实践，2009, 32 (5): 117-120.

❺ 徐敬宏，侯伟鹏，胡世明. 英文学术界百年隐私研究的历史变迁与前沿热点——基于 Web of Science 数据库的 CiteSpace 分析 [J]. 治理研究，2020, 36 (5): 109-122.

❻ 卢家银，白洁. 中国青年的网络隐私忧虑及其影响因素研究——基于对 1 599 名共青团员的实证调查 [J]. 新闻记者，2021 (2): 69-79.

❼ 顾理平. 智能生物识别技术：从身份识别到身体操控——公民隐私保护的视角 [J]. 上海师范大学学报（哲学社会科学版），2021, 50 (5): 5-13.

❽ 卢家银. 非常法时期互联网用户的隐私保护行为研究 [J]. 国际新闻界，2021, 43 (5): 65-85.

❾ 徐磊. 个人信息删除权的实践样态与优化策略——以移动应用程序隐私政策文本为视角 [J]. 情报理论与实践，2021, 44 (4): 89-98.

❿ 相丽玲，张轩瑜. 中外用户隐私影响评估标准比较 [J]. 情报理论与实践，2021, 44 (8): 153-158.

展都在特定的媒介环境和技术条件下展开，因此最终笔者从六个层面确定主体框架。在此基础上，笔者采取判断抽样和滚雪球抽样的方式进行抽样。判断抽样是预先判断后产生依据，有目的地抽取"有代表性的样本"，这种抽样方式尤其适用于深度访谈等质性研究的样本选择。滚雪球抽样则是先随机选择一些被访者并对其实施访问，再请他们提供另外一些属于研究目标总体的调查对象，根据所形成的线索选择此后的调查对象，如访谈隐私计算企业，请他们再推荐其他的隐私计算企业。

在明确抽样原则和主体选择的基础上，笔者通过口头传播、在社交媒体平台如微博和微信发布招募信息、在社交媒体上主动搜索、向专家学者发邮件、问卷调查留言等方式招募访谈者。与此同时，为丰富访谈样本和研究内容，从2020年12月至2022年2月，笔者通过参加学术专题沙龙（24次）和学术会议（11次）、参与实习、与周围人沟通讨论，对32名与研究议题相关的主体进行了访谈，受访者的人口学属性包括年龄、受教育程度、职业等，见后文表3.1，详细信息见附录B。

笔者采用线上与线下相结合的方式展开访谈，包括但不限于面对面谈话、电话、微信语音电话、微博微信文字对话、腾讯会议等方式。在访谈开始前需要有充分的准备，要列出一个有主要问题和研究脉络但又不失开放性的访谈提纲（见附录A）。在访谈的过程中，依据访谈对象的不同回答而有所追问或及时调整问题的先后顺序。具体来说，访谈主要包含五个方面的内容：一是从隐私泄露现状入手，看受访者关注的议题及对数字时代隐私的理解；二是请受访者分享自己的隐私管理方法，以及与周围人的互动等；三是基于对当下隐私保护现状的了解，谈一谈对隐私保护环境，主要是媒体报道、隐私保护技术、政府治理、平台企业、行业和个人隐私素养的期待；四是从社会空间和社会时间的角度进一步了解受访者的基本人生经历、居住状况、不同阶段对隐私关注的侧重点等；五是个人特质，包括性格、对科技产品的热衷程度、网络活跃度等。需要说明的是，访谈并不拘泥于此框架，往往会根据访谈对象的职业情况作出调整，如对于技术工程师会更多地从隐私计算行业运用的角度展开，对于学者更侧重其研究领域的深入对话。当然，这些需要笔者前期做好准备，随时灵活调整。在访谈开始前，笔者向受访者说明访谈目的，征得受访者的同意。在每次深度访谈结束后，第一时间撰写访谈备忘录并及时记录观察到的所有细节。为了使访谈者的叙述便于理解,笔者在逐字转录的基础上对访谈者的口头表达进行了文本转化和处理,删除了访谈叙述中的口头语、无实质意义的重复语句,并形成符合访谈提纲的研究文本。

笔者对深度访谈和参与式观察所获得的原始文本的分析和处理是基于协同视角和利益相关者理论的大框架展开的。之所以选择协同视角和利益相关者理论,是因为治理的核心意义是各利益主体方之间的协商,这就意味着多元治理必须坚持以平等、民主、开放为主要原则。多元治理的目标是建立公平、公正、正义、开放的社会,建立合理的利益格局和比较合理的人与人之间的关系。要形成这样的治理网络,需要将国家各相关机构部门、社会群体、社会各组织团体和不同社会阶层联系起来。安思尔(Ansell)和加斯(Gash)通过对 137 个来自不同国家、不同政策领域的案例进行"连续近似分析"形成协同治理 SFIC 模式,主要包含起始条件 S(starting conditions)、催化领导 F(facilitative leadership)、制度设计 I(institutional design)、协同过程 C(collaborative process),其中协同过程是整个模型的核心,其他部分则为其设定背景或对其产生影响。[1] 目前该模式被广泛用于网约车、雾霾、外卖员等社会议题研究或者群体问题的治理。可以说,这一视角充分考虑了网络社会中不同参与主体的利益,如企业的利益相关者包括股东、普通员工、债权人、供应商、零售商、消费者、竞争者、中央政府、地方政府及社会活动团体、媒体等。协同视角下隐私保护议题的利益相关者包含网民、政府部门、企业和行业,技术发展和舆论环境作为外部因素对其产生影响。

3.4.3 访谈对象样本的选取与概括

因为访谈对象分布在全国多个城市,根据访谈对象的意愿和交通及便利等因素的考量,其中 19 名受访者通过面对面形式完成访谈,13 名受访者通过视频访谈、语音访谈、电话访谈、微信访谈、线上提问、邮件往来等网络形式完成访谈。访谈时间在 1~3 小时,访谈地点主要是访谈对象的家中及办公室、公司会议室、咖啡馆等公共场所。

访谈对象的基本特征和基本的人口学信息见表 3.1(受访者详细信息素描

---

[1] ANSELL C, GASH A. Collaborative governance in theory and practice [J]. Journal of Public Administration Research & Theory, 2007, 18 (4): 543-571.

见附录B）。访谈对象的年龄在20~60岁。因为隐私研究及其行业发展具有一定的专业性，本次访谈对象的学历相对较高，其中本科以下学历（大专）有1人，本科学历有1人，硕士有11人，博士有19人。

表3.1 访谈对象基本特征综合概括（$N=32$）

类别	比例
访谈方式	面对面19人（59.375%）；其他方式13人（40.625%）
性别	男性18人（56.25%）；女性14人（43.75%）
年龄	20~30岁18人（56.25%）；30~40岁3人（9.375%）；40~50岁8人（25%）；50~60岁3人（9.375%）
学历	本科以下1人（3.125%）；本科1人（3.125%）；研究生及以上30人（93.75%）
职业	学生17人（53.125%）；大学教师8人（25%）；行政机关工作人员5人（15.625%）；企业员工2人（6.25%）
受访者来源	学术会议11人（34.375%）；个人招募21人（65.625%）
所在地区	北京21人（65.625%）；上海1人（3.125%）；深圳4人（12.5%）；海口2人（6.25%）；郑州1人（3.125%）；西安1人（3.125%）；嘉兴1人（3.125%）；新乡1人（3.125%）

访谈对象职业各异，地理位置分布各异。受访者大多分布在我国东部沿海地区，分别来自北京、上海、深圳、海口、郑州、西安、嘉兴、新乡等地。为保护访谈对象的隐私，访谈对象采取了不同的编号来指代。

3.5 小 结

本章主要对研究问题的操作化进行说明。针对研究问题"新媒体的到来打破了时间和空间界限，作为网络社会治理的前提，我们需要重新理解：网络空间的中国网民隐私认知现状如何"，笔者运用语义网络分析的方法，抽取新浪微博平台2015年1月1日至2021年12月31日的原创微博45 015条，并对博文内容进行分析和可视化，依此对网络平台上的隐私话题进行阐释。在厘清网民隐私认知的图景之后，进一步探寻因果关系。在将隐私认知操作化的基础上，探索影响网民隐私认知的因素有哪些。通过问卷调查展开研究，并对问卷调查的实施、发放与数据收集进行说明。网络空间一定程度上是现实空间的迁移，构成主体除了网民，还有其他的利益相关者，如政府部门、平台、行业组织等，它们与网民共同构造了网络社会的生态。因此，在探寻网民隐私认知和影响因素的基础上，采取协同视角和利益相关者理论，基于中国语境，探讨隐私保护模型如何建构。作为探索性的研究，笔者拟采用深度访谈的方法，明确访谈对象分类，试图构建数字时代隐私自主模型。

第4章 隐私观念：微博平台的话题讨论

社交网络革命、移动革命和互联网革命三重革命正在影响中国的网络空间，庞大的信息数据使得原始的信息观念、内容研究方法已经发生变迁。本章将运用大数据分析的方法，基于新浪微博平台分析网民的隐私观念，从而回答隐私是什么这一研究问题。研究选取新浪微博平台2015年1月1日至2021年12月31日的原创微博45 015条，运用语义网络分析的方法，对上述时间段的原创微博进行全文本分析，利用可视化软件，最终呈现4个议题模块，并结合隐私概念的变迁、隐私观念讨论和平台特征形成数字时代隐私生态框架，这些会进一步影响网民的隐私管理行为。通过研究可以发现，社交媒体时代，信息的呈现和阐释发生重大变化，隐私观念的变迁将推动媒介生态变革，对后者产生革命性的影响，这对重新认识社交媒体时代的网络化个人主义、互联网空间治理、社交媒体平台上的舆论引导、理解社会变迁具有重要意义。研究还发现，很多心理变量不能完全测量出来，需要借助问卷调查进一步分析对应路径。此外要注意的是，社交媒体平台上"网络鸿沟"特征突出，网络的娱乐化趋势明显，网络民族主义时有发生，这对如何构建理性的网络空间具有重要的参考意义。

通过全文内容的呈现和阐释分析发现，首先，数字媒体时代，隐私观念的研究已经发生变迁，实现了从传统的身体隐私到信息隐私的转变，这意味着数字时代的隐私研究不再是传统的以"人"为主体的研究，更多的是在人与人、人与物、物与物的交流传播中重新理解信息隐私（可以是一种财产，更可以是人格自主性），并对其进行分级分类，寻找隐私保护的平衡。其次，数字时代的隐私讨论是多元的，并进一步影响社会交往。隐私讨论参与主体不仅是拥有亲密关系的父母，还有工作、生活场景中的同事和家人，更有趣缘群体。例如，偶像和粉丝之间的隐私问题成为当前互联网治理的重要内容。此外，伴随网民数字素养的提高，隐私交易产业链逐渐被识知和探讨，特别是酒店等敏感场所的隐私。再次，就载体而言，手机成为重要载体，切换应用成为网民生活常态，不同的应用虽然有隐私设置和隐私协议，但由于网民隐私素养欠缺、应用商业化诉求、国家法规制度不完善，手机的隐私保护问题如数据泄露、数据举报时有发生，这也进一步影响了网民的安全感、幸福感和获得感。更需要警惕的是，互联网是打破边界的，稍有不慎甚至可能会影响国家安全，如果规制的问题无法解决，势必影响中国参与全球数字化的进程。最后，在隐私影响层面，隐私影响评估是非常重要的研究领域。在社交媒体平台上，隐私经历正在重塑网民的社会交往，并重新界定其边界。值得注意的是，网络游戏成为隐私研究的新场景，由于游戏玩家有着"使用与满足"的娱乐需求，很多无意识的隐私泄露时有发生，因此这将是未来研究的重要方向。总而言之，隐私变迁和隐私观念是隐私生态的一部分，平台的权属、商业模式和管理模式是未来研究中不可忽视的重要内容，这亦是平台反垄断的重要一步。

4.1 隐私讨论的语义网络全局

针对2015年1月28日至2021年12月31日所有原创微博进行语义网络分析，剔除"隐私"一词，得到语义网络全局图（图4.1）。从全局图中可以看到一些加权度较大的词，如朋友、粉丝、明星、暴露、手机、微博、泄露、安全、数据、新闻、侵犯等，可以看到隐私讨论涉及多个层面。在此基础上，去掉高频重复词组，进行聚类，共呈现四个议题：第一个聚类是隐私主体；第二个聚类是隐私议题；第三个聚类是隐私载体；第四个聚类是隐私影响。各议题的具体分析见下文。

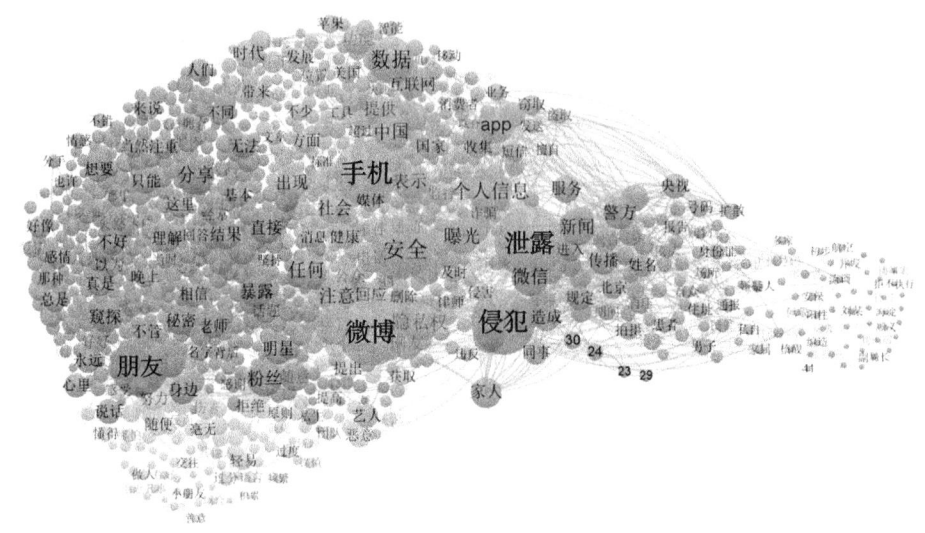

图 4.1　微博平台隐私讨论语义网络全局图（2015—2021 年）

4.2　隐私讨论的议题模块分析

4.2.1　隐私主体：参与情境影响社交关系

这一组讨论中的高频词有朋友、父母、老师、家人、爱情、男/女朋友、粉丝、艺人、窥探、分享等（图 4.2），涉及隐私相关的主体和相关情境。

情境一是与朋友之间的隐私讨论。例如，有微博原文是"和好朋友微信聊天记录被曝光""微信小而美但不保护隐私"，表示一些信息被朋友圈截屏、聊天记录被截屏转发，进而带来隐私泄露。有研究者对截屏社交和隐私管理展开了讨论。[1] 根据笔者的观察，在 2020 年新冠疫情初期，居家办公成为常态，视频会议软件成为重要办公工具，很多人会截屏分享相关知识，但后来出于责任划分，各大软件平台在截屏时附带上本人姓名和手机号码，一定程度上抑制了消息的不利传播。情境二是与父母相关的隐私，如"父母随意翻看日记""父母和同事朋友讨论中随意泄露孩子工资和情感状态""和父母在同一空间居住没有隐私""父母解锁手机等内容"，这反映了父母与子女隐私观念的不

---

[1] 李欢，徐偲骕. 隔"屏"有耳？——聊天记录"二次传播"的控制权边界研究［J］. 新闻记者，2020（9）：74-84.

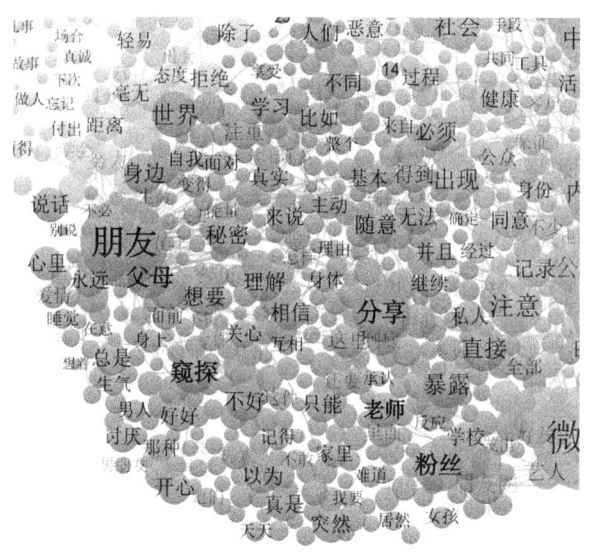

图 4.2 微博平台隐私讨论聚类一（2015—2021 年）

同。日记、工资、情感、个人空间、手机内容在孩子看来属于隐私，但由于中国传统文化背景，加上未成年人隐私保护法律体系建设的缺失，最终导致了子女与父母之间相处无界限，这也是很多子女不愿与父母谈心的重要原因。情境三与老师相关。"出于关心学生，不同老师都掌握了学生的心理状态，不敢向学校心理中心咨询了""某中学老师侵犯学生隐私"等内容反映了当下师生关系中隐私的状态，其中学生心理、师生关系成为敏感议题。情境四与亲密关系或者情感关系相关，如"一定要找的男朋友类型，可以有自己的秘密，给你足够的隐私""人们总是期冀心与心的贴近，但又无法确定心与心之间最合适的间隔，比如男女朋友之间也要留点隐私，这隐私就是间隔""男朋友什么事都跟他姐说，我感觉自己根本就没有隐私，我该怎么办"，反映出情感关系中的界限、情感关系中的他者都会对双方关系的良性发展产生影响，空间和界限感成为关系良性发展的重要保障。情境五是粉丝与明星之间的隐私话题。伴随社交媒体的发展，隐私泄露和危害事件层出不穷，如"新媒体降低了举报成本，大家动不动就举报，大家变得很急躁，甚至还因为一点小事去'人肉'，这不仅侵犯隐私，网络痕迹还正在成为攻击的把柄""恳请大家不要帮我值机了""非法获取明星航班信息，两名'粉丝'被追究刑责"。可以看出，"饭圈"中的隐私与明星行程、"人肉"搜索、营销号混淆网络舆论生态成为重要议题，对于公共空间稳定具有重要影响。

4.2.2 隐私议题：关注公共事件特定场所

这一组讨论中的高频词有侵犯、新闻、警方、违法、酒店拍摄、单位/同事、手机号、身份证号、住址、案件场所、疫情、检测、感染者阳性、病毒流调、密接场所等（图4.3），涉及隐私相关的公共议题和社会事件，主要针对新冠疫情、酒店偷拍、警方破案报道展开相应讨论。这些事件的共同性是都涉及公民的隐私信息，如身份证号、手机号码、住址等。在突发紧急卫生事件中，我国公民个人隐私保护制度和公民个人的隐私素养仍存在不足，医疗卫生系统隐私保护体系不完善，公众的医疗隐私保护亟需引起重视。在酒店偷拍议题中，酒店摄像头偷拍成为广大网民关注的焦点。酒店作为相关主体，对用户隐私泄露负有直接责任。这说明隐私的经济价值是驱动违法分子行为的重要动机，也是破解隐私保护难题的重要环节。在警方新闻报道的隐私讨论中，主要有媒体对网民的提示，如"针对网络诈骗中的'裸聊'提醒网民网络交友要注意保护自身隐私""通过盗取好友QQ和微信借钱更需要谨慎""部分共享充电宝会被植入木马病毒盗走用户隐私数据，这些充电宝有三个来源，一是商场租赁，二是火车站售卖，三是扫码免费送的"。这些反映出目前隐私泄露的主要表现形式，社交媒体、短视频、直播的发展让诈骗更容易实施，共享经济

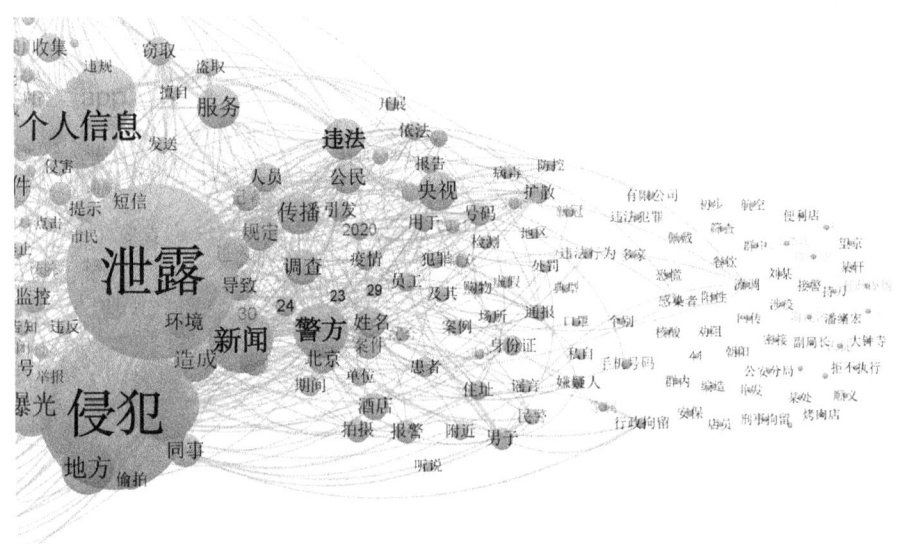

图 4.3 微博平台隐私讨论聚类二（2015—2021 年）

欠缺一定层次的安全保护，进一步助推隐私泄露产生危害。因此，除了个人树立隐私保护意识外，还应该继续加强媒体报道，堵住共享经济中的隐私保护漏洞，从而让数字生活更值得信任。

4.2.3 隐私载体：手机应用延伸国家安全

这一组讨论中的高频词有微博，手机（账号曝光、记录公开、图片删除），泄露，软件，个人信息，识别，社会安全，国家安全，数据安全，支付安全，科技手段等（图4.4），说明数字时代手机和安全是紧密连接的，隐私泄露和安全威胁往往基于手机这一载体展开。可以从手机应用层面展开分析。不同APP嵌入日常生活中，支付密码、人脸识别、社交账号、聊天记录、图片视频等信息存储成为网民关注的重要隐私内容，但软件协议、平台的泄露却普遍存在，并进一步影响国家安全、数据安全、社会安全和信息安全，更先进的技术设计、全球对话、智能监管成为破解这些负面影响的关键思路。在网民基于手机的讨论中，如"防止手机隐私泄露9大招""格式化了也能起死回生?！如何防止旧手机泄露隐私"等，反映了网民对手机应用的不信任及对新科技隐私侵犯的无力，如果不加以解决，久而久之就会带来隐私疲劳。在安全层面，最终的讨论都是如何保护国家安全。网民从美国做法、5G、区块链、数据中心、黑客、服务器、数字货币等角度展开了讨论，如"美国国安局的特工只需要输入被监控对象的电子邮件地址，就可以对其网络操作行为进行实时的监控，而且没有任何安全防护技术可以阻止这种监控行为""区块链技术将能够在数据安全、用户隐私等方面带来极大助力""数据时代，各地纷纷建立数据中心，而数据中心最宝贵的就是数据，这些数据隐含着很多私有、机密的信息，小到个人隐私，大到国家安全，所以保护数据是数据中心最为关键的任务""因为互联网和物联网，智能汽车从原来的信息孤岛变成了一个重要的信

图4.4 微博平台隐私讨论聚类三
（2015—2021年）

息节点，因此形成了三类数据风险：黑客攻击影响行车安全，传感器侵犯车内车外隐私，扫描车周围环境影响国家安全""目前很多跨国公司都会把对应服务器放到服务国家，从而确保对应国家的数据安全""美国国会发函给脸书（Facebook），要求这家公司立刻停止其数字货币LIBRA和数字钱包CALIBRA项目"。不管是信息窃取还是与隐私保护相关的技术手段，抑或是隐私侵犯的主体即黑客、数字社会流通的数字货币及支撑运转的数据中心，最终归途都是探讨隐私与国家安全的紧密联系。手机应用产生大量数据，服务器本地化固然能在一定程度上保护数据安全，但在全球化背景下，数据跨境流动和数字货币流通是需要全球对话的核心议题。

4.2.4　隐私影响：隐私经历和游戏新场景

这一组讨论中的高频词比较分散，有世界、学习、身边、说话、交流、距离、泄露、频率、伤害、场合、经营、游戏等（图4.5），反映出隐私不仅在特殊情况下具有重要作用，在许多日常生活场景和不显著的情况下也一样。人们想与不同的人维持社会关系，隐私是必要的，而且每个人都有自己的社会角色，在公共生活、工作场所、家庭生活、朋友交流和独处的时候表现不一样，所以有必要保护隐私和保持相应的界限。❶ 值得一提的是，游戏出现在此聚类板块中。在具体的内容中，网民的讨论主要有"网络游戏成为隐私泄露新场所""我的喜怒哀乐与游戏有关""游戏娱乐和生活服务类APP是隐私泄露事件爆发的重灾区""QQ号绑定了游戏，个人信息隐私全部暴露了""心理测试类小游戏动不动就要获取个人隐私"等。这一方面说明游戏已经成为网民数字生活的重要构成（第48次《中国互联网络发展状况统计报告》显示，截至2021年6月，我国网络游戏用户规模达5.09亿，较2020年12月减少869万，占网民整体的50.4%），另一方面说明游戏行业将成为隐私保护的重要实践场所。目前很多游戏软件往往需要绑定社交账号，获取账号信息，并进行互联网数据的收集和传播。米歇尔·威尔森（Michele Willson）等对社交游戏中的隐私保护进行了研究，分析了游戏玩家对网络参与、泄露信息、与其他用户联系及更广泛的隐私问题的程序化请求的意识对其行为的影响❷，这对理解算法架

---

❶ RACHELS J. Why privacy is important [J]. Philosophy & Public Affairs, 1975, 4 (4): 323-333.
❷ MICHELE W, KATHARINA K K. Social gamers' everyday (in) visibility tactics: playing within programmed constraints [J]. Information, Communication & Society, 2021 (24): 1, 134-149.

构、编程空间、游戏成瘾等问题都具有重要意义。网民既往的隐私泄露经历或者交往经历对数字时代的交往界限产生影响,基于语境、场景的隐私保护依然是有必要的,只有这样才能更好地展开隐私管理。游戏与隐私是未来研究的重要课题。游戏作为休闲娱乐方式,与各种账号连接,一旦隐私信息经过不正当传播和泄露,会带来严重的社会问题和信任危机。

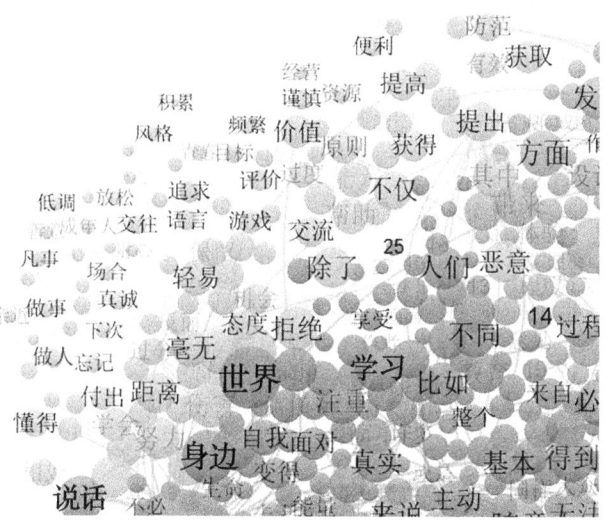

图 4.5　微博平台隐私讨论聚类四(2015—2021 年)

4.3　从隐私讨论理解网民隐私观念

前文对隐私概念的变迁与发展进行了综述,可以看出,隐私根植于个人与政治、经济、文化、社会的广泛实践中,并与个人创新性、自主性的发挥密切相关。传统的隐私从内容来说侧重于个人身体和空间层面,对抗的主体主要是政府,伴随新媒体的发展,时间和空间界限被打破,平台、行业、政府、个人、媒体等都参与进来,在互动中不断重塑社会规范。不管是作为人格权的隐私还是作为财产权的隐私,在数字时代都发生了新的变化。

一方面,就数字时代隐私观念本身来说,数字时代的隐私是基于平台展开的信息隐私,但兼顾了传统的身体和空间层面,就像新媒体与传统媒体的关系一样,网络中的隐私包含身体隐私、空间隐私和信息隐私,如工资讨论依然是敏感内容,父母与子女的"日记问题"与关系界限。新的发现是,互联网环境下成长的"90后""00后"网络举报行为更加普遍，采用截图、视频等各种手段，这将催生隐私保护的新趋势。因此，在以上形成的四个聚类中，第一个聚类呈现出隐私参与的主体，不管是亲朋好友，还是社会场所、工作需要和趣缘群体，都说明隐私是一个与日常交往密切相关的概念，并进一步影响社会关系的稳定性和持续性交流；第二个聚类是针对特定事件情况的隐私，表明数字时代网民隐私关注的场景和语境；第三个聚类是数字时代隐私主要依托的载体和社会影响，可以说基于手机的隐私管理成为数字时代的重要议题，将进一步影响数据安全、社会安全和国家安全，并且网民对自己的隐私数据交易和隐私产业链更加敏感；第四个聚类则表明网民的隐私经历对其隐私管理行为的影响，这一部分也会在问卷中进行测量。需要说明的是，游戏中的隐私保护成为一个新的研究方向。总体来看，数字时代的网民隐私观念不断迭代和丰富，是一种"隐私+"的观念，涵盖了网民隐私实践的群体、边界、语境和对应内容，并基于此产生隐私管理行为。

另一方面，就隐私讨论依托的平台来看，讨论的内容是网络生态的重要组成部分，更是网络社会治理的重要方向。互联网平台众多，主要有三类：第一类是技术服务类平台，第二类是信息聚合类平台，第三类是特别类平台。技术服务类平台包括通信工具类和云服务类平台等。信息聚合类平台比较多，包括公众号、微博等。特别类平台包括广告发布类、电商服务类平台等。伴随网络社会的纵深发展，这些平台将在个体生活中扮演越来越重要的角色，意味着跨文化传播的"底座"要发生变化。政府可以发挥统筹、引导和协调的作用，加快形成与企业、行业组织等各社会主体协同的治理机制，形成统一决策、分工负责、运行有序的治理网络。一是要促进各类治理主体的沟通衔接平台建设，加强制度的顶层设计，研究和明确各方的权责边界；二是要充分利用平台企业快速高效的反应机制及技术数据的资源优势，发挥好其作为社会治理重要参与方的作用，尤其是在社会公共服务中要进一步发挥市场力量，有序推进政府购买服务和政企合作；三是要加快建设针对突发事件进行预判决策的跨领域专家队伍，吸纳不同领域专家参与应急事件管理的全过程，从而提高决策速度、优化决策质量。当下我国网络社会治理的一种观念是"主体责任观"，基本内容是平台在内容管理中承担主体责任，监管部门的职责从"管内容"转变为"管主体"，于是网络平台从被赋予管理责任转变到承担主体责任。本章在网络社会治理的大背景下，基于微博平台上2015—2021年网民的隐私讨论，聚类出隐私主体、隐私议题、隐私载体、隐私影响四个层面的内容,丰富了数字时代网民隐私观念的认知。伴随平台化社会的到来,由于每个平台的生态系统特征不同,隐私讨论的内容也千差万别。例如,微博作为公共平台,隐私讨论的内容比较宏观,揭示了网民与网络治理参与主体互动反映出的隐私观念,而在豆瓣这样的交流平台,有专门的板块讨论隐私,如"社会死亡小组",更多的则是讨论日常生活和工作中隐私泄露的经历和糗事。但毫无疑问的是,不同类型的平台改变了以往私人交流和公共交流的性质,并编码出新的隐私边界。例如,脸书(Facebook)的实践大大影响了强化隐私保护和数据控制等拥有法律价值的社会和文化规范。但也有批评者认为,不是隐私标准变化了,而是分享标准变化了。❶ 本书探讨微博平台隐私讨论的意义则在于,从新媒体与社会空间的视角切入,探讨政治因素、资本介入、技术发展等对新媒体空间的改造,回应当下互联网治理中隐私保护的困境;同时,针对全球互联网治理的多利益攸关范式(multi-stakeholder),结合中国语境,基于不同行为体权力分配的平衡原则,在正确认识网络时代隐私观念的同时寻求隐私保护的路径。

分析隐私观念基于平台的讨论,对于重新理解隐私生态系统具有重要影响,后文在隐私保护路径中也会展开说明。数字时代生态系统的构建不仅包含技术(隐私载体)、内容(隐私议题)、用户(涉及主体)和隐私影响评估,还包括要研究平台本身的所有权架构、商业模式和管理模式,只有这样才能做好平台和本体的有机联合。不得不说,平台的商业资本整合阻碍了用户隐私保护自主性的发挥,与之对应,商业平台引入了新的监控模式,以用户隐私数据换取社会资本的积累。对平台持批评态度的人反对用户既被当作工作人员生成内容并向社交网络平台提供数据,又作为消费者被迫通过放弃隐私来交换自己的处理工具。有些人认为销售隐私可能被错误地视为用户渴望联系和促进自我完善的自然结果,而不是深深植根于政治经济学视角的受众商品化的必然结果。基于此,隐私研究者始终捍卫私人、企业和公共空间之间的界限,以保护公民的权利,使其免受平台所有者针对用户要求更多"透明度"的影响。❷ 可以说,隐私商业化问题是影响个人隐私保护的重要因素,因此开展隐私数据分级分类就成为数字时代隐私保护必然要解决的问题。

---

❶ 何塞·范·迪克. 连接:社交媒体批评史[M]. 晏青,陈光凤,译. 北京:中国人民大学出版社,2021:49.

❷ 同❶18.

4.4 小　　结

回归到本书第一个大的研究问题层面，即数字时代隐私是什么，前文笔者提出了以下具体的研究问题：

1）从传统隐私到网络隐私，发生了怎样的变化？
2）从全球化与社会变迁视角如何理解这种变化？
3）整体来看，2015—2021年间，网民在微博平台上如何讨论隐私？
4）在微博平台的话语实践反映了网络空间中数字隐私的何种特征？
5）在此基础上，作为网民如何认知数字时代的隐私？

笔者在一一阐述以上问题的基础上形成数字时代隐私观念涉及的类型。首先，隐私是不断变迁的概念，不管是权利说、商品说、控制说还是状态说，核心问题都是人，即在平衡社会矛盾的基础上促进个人自主性和创造力的发挥。而在数字时代，信息隐私及其对应的边界、内容和交互成为研究的热点，对国家安全、经济价值和应对新技术场景（如物联网时代）产生影响。整体来看，这与更宏大的社会变迁结构是密不可分的。美国社会学家帕森斯在《社会行动的结构》中的表述为研究宏大社会结构奠定了理论基础。[1] 他提供了一个整体性的理解框架，并归纳出一般的行动系统，主要包含行为有机体系统、人格系统、文化系统、社会系统（主要包含政治、经济、教育、宗教、家庭和法律），这些作为外部环境并最终影响个体行为。就隐私而言，则与全球化进程、跨国公司发展、社会文化制度等密不可分，因此隐私本身的内容焦点从身体隐私、空间隐私转移到了信息隐私，信息的分级分类成为主流，反映出隐私标准是不断变化的。其次，新浪微博平台隐私的内容讨论涉及隐私载体、内容（隐私议题）、用户（涉及主体的自主性选择）和隐私影响评估，可以说，隐私不是孤立的内容层面，更多的是一种协同视角。最后，基于隐私生态视角，笔者认为解决数字时代的隐私问题，依托的平台是研究焦点之一。网络社会治理经历了从"管内容"到"管主体"的转变，于是网络平台从被赋予管理责任转变到承担主体责任。传统社会中，基础设施是社会良好运行的底座，网络

---

[1] 李猛. "社会"的构成：自然法与现代社会理论的基础［J］. 中国社会科学，2012（10）：87-106，206-207.

空间中的技术平台正在推动传统基础设施的解构与重组,推动网络发挥技术的"核聚变"作用,实现数字基础设施的连接与赋能,并在治理领域扮演越来越重要的角色。❶ 因此,平台的所有权、商业模式和管理模式是影响隐私观念的重要外部变量,更是研究数字时代隐私观念的突破口之一。基于此,笔者形成了网络隐私观念生态框架,因为在笔者看来,数字时代认识隐私,解决隐私"是什么"的问题,需要明确"隐私+"的概念,整个过程中,人与人、人与物、物与物交互伴随。数字时代网络隐私观念生态框架如图4.6所示。需要补充的是,隐私生态是数字时代理解隐私观念的架构之一,更是重要的环境因素,下文将对环境因素与隐私管理进一步展开测量。隐私观念影响隐私管理行为,通过新浪微博平台的数据聚类可以发现隐私经历对隐私管理行为产生影响,问卷调查中将其作为变量进行测量。

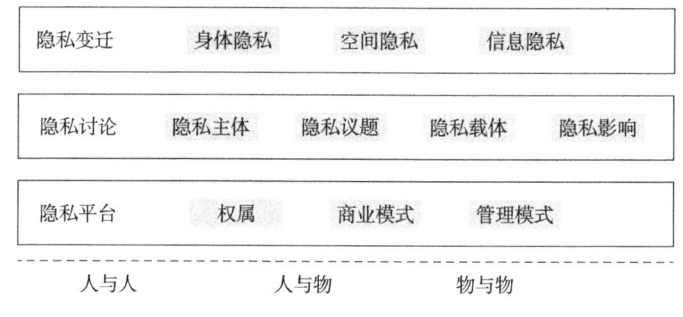

图4.6 数字时代网络隐私观念生态框架

总体来看,正如《平台社会:连接世界中的公共价值》(*The Platform Society: Public Values in a Connective World*)一书所说,平台提供了数字时代的链接,一定程度上它不是中立的,它在社会交流和流量变现中重塑并挑战了传统的社会规则。在笔者看来,数字时代理解隐私概念,一是要充分认识数字经济、平台经济的特征,其背后的商业模式、权属、管理模式会对用户的媒介使用行为产生影响。二是数字时代,信息隐私相较于身体隐私、空间隐私,管理更加复杂,不能"一刀切"地进行人格权保护,也不能"一刀切"地进行财产权保护,要基于需要重新平衡隐私的价值。数字经济的发展离不开数据,基于数据的流量变现、商业模式创新和个性化服务成为主流,因此隐私数据的经

---

❶ 牛津互联网学院. Digital economies [EB/OL]. (2020-09-29) [2021-08-20]. https://www.oii.ox.ac.uk/research/digital-economies/.

济价值是需要重新评估的，这也是本书提出隐私自主的重要原因。三是需要对平台进行重新归类和分析。平台作为基础设施的当下，公共平台、垂直平台面临的用户群体和需求不同，更需要对平台隐私进行细分，从而充分保障网民数字权益。

第5章 隐私管理：影响因素与周期研究

本章主要是对问卷调查结果的分析，主要分析工具为 SPSS 28.0 和 SmartPLS 3.3.7，整体从三个方面展开。

在描述统计方面，笔者以网民为研究样本，并参考《中国互联网络发展状况统计报告》相关指标和腾讯平台已有指标，通过配额的方式确保样本在性别、年龄、月收入、受教育程度等特征上尽量保持比例均衡。经过14天的数据收集，共回收问卷1 075份。经筛查，剔除无效问卷，最终获得有效问卷1 048份，问卷回收率为97.5%。从最终回收情况看，性别变量和年龄变量的配比基本与《中国互联网络发展状况统计报告》相符合。个人特质、隐私特性、信息环境三个自变量的均值和标准差均符合研究要求，因变量的测量符合传统学术要求的类别。在数据分级分类保护的大背景下，笔者对12类信息隐私的梯度进行整理，发现其中个人财产信息是最敏感的，其后依次是个人身份信息、个人生物识别信息、个人位置信息、联系人信息、个人基本信息、个人通信信息、个人上网记录、网络身份识别信息、个人常用设备信息、个人运动及生理心理健康信息、个人使用信息，这对于后续信息隐私共享的分级分类具有一定的参考意义。结构方程模型通常由外模型（测量模型，CFA）和内模型（结构模型）组成，在正式检验研究假设和理论模型之前，需要对问卷进行信度和效度分析。本书采用 SPSS 28.0 对网络问卷展开信度检验，结果显示，总体克隆巴赫系数（Cronbach's α）值达到0.883，表明41个选项具有较高的内在一致性。外模型中所有观察变量的因子载荷都要满足大于0.5的标准，满足则表明潜在变量对概念的描述可信。模型中各个潜在变量的 Cronbach's α 值和 CR 值一般都要求大于0.7，满足则说明观察变量之间的相关性高，对潜在变量的解释度好。最终发现，潜在变量的平均方差萃取量（AVE）均大于0.5，表明本次调查的外模型具有较好的聚合效度。

在模型验证方面，首先对因变量、自变量的操作化进行说明，对10个人口学变量进行阐释，然后运用SmartPLS 3.3.7对结构方程模型进行检验，最终发现在隐私特性与隐私管理行为的假设中，隐私关注、隐私经历、隐私价值正向影响网民的隐私管理行为，隐私疲劳负向影响网民的隐私管理行为，隐私监视和隐私管理行为之间关系不显著。在信息环境与隐私管理行为的假设中，人际环境、契约环境正向影响网民的隐私管理行为，舆论环境负向影响网民的隐私管理行为，技术环境与隐私管理行为之间关系不显著。在个人特质与隐私管理行为的假设中，自我效能和隐私管理行为之间关系不显著，网络素养正向影响网民的隐私管理行为。在个人特质与隐私特性的假设中，自我效能、网络素养正向影响隐私关注，自我效能、网络素养负向影响隐私疲劳。在人口因素与隐私特性的假设中，研究发现高学历群体更在意隐私价值，性别、收入和隐私价值感知之间关系不显著。

在多元回归方面，笔者从社会时空视角出发，基于多维度交互作用考察个体生命空间、家庭空间、社会空间共同作用于个体所体现出的丰富差异和趋势。回归模型将被调查者的年龄、性别、收入、受教育程度、现居住地、少年居住地等变量进行交互和变换，并将它们构造出的复杂社会空间形式纳入分析框架，将其作为社会时空中重要的变量，进一步探索隐私管理行为中与人相关的社会变迁。

整体来看，以上三个方面的分析对于理解隐私管理行为背后的因素具有理论意义，对进一步探索隐私保护行为具有实践价值。

5.1 描述统计

5.1.1 数据来源

本次调查以在线问卷的形式进行，笔者于2021年12月在腾讯问卷平台发布了调查问卷，通过二维码和链接投放问卷。由于本书关注的是网民的隐私管理行为及其影响因素，根据已有文献，以网民为研究样本，并参考《中国互联网络发展状况统计报告》相关指标和腾讯平台已有指标，通过配额的方式确保样本在性别、年龄、月收入、受教育程度等特征上尽量保持均衡比例。调查共回收问卷1 075份，剔除无效问卷，最终获得有效问卷1 048份，问卷回收率为97.5%。

5.1.2 样本简述

1. 人口学变量的描述性统计

在描述性统计分析中，首先对1 048个样本的人口学特征进行描述性统计，包括样本的性别、年龄、学历、月收入、职业、独生子女与否、婚恋状态、居住状态、现居住地、少年居住地的分布状况（表5.1）。

从性别来看，男性比例为48.4%，女性比例为51.6%，与《中国互联网络发展状况统计报告》中的比例基本一致。

从年龄来看，本次调研样本中，年龄在14~19岁的受访者占6.9%，20~29岁的占36.5%，30~39岁的占39.5%，40~49岁的占11.7%，50岁及以上的占5.4%，与《中国互联网络发展状况统计报告》中网民年龄分布情况基本相符。

从学历来看，本次调研基于国家统计局统计标准，将学历分为初中及以下、高中/中专/技校、大学专科、大学本科、硕士及以上，分别占8.9%、19.8%、22.0%、44.3%、5.0%。

从月收入来看，收入在3 001~8 000元的受访者最多（占46.0%），其次是收入为8 001~15 000元（占20.0%）和1 001~3 000元（占17.8%）。收入在15 000元以上的占7.3%，1 000元以下的占8.9%。

从职业来看，在三资、民营、私营企业工作的受访者中，职员占14.5%、中级主管占7.2%、高级主管占3.3%；行政、事业单位职工占7.3%，行政、事业单位干部占3.0%，国有、集体企业职工占7.9%，国有、集体企业干部占3.1%；此外，自由职业者、专业技术人员、学生、个体经营者、进城务工人员、农民、无业人员、离退休人员分别占13.2%、11.6%、8.5%、8.4%、5.0%、2.6%、2.4%、2.3%。（注：中小学教师一并纳入专业技术人员统计范围）

从是否为独生子女来看，独生子女占41.1%，非独生子女占58.9%。

从婚恋状态来看，已婚受访者占59.5%，单身受访者占25.1%，处于恋爱关系中的受访者占11.8%，其余（离异、分居、丧偶）占3.6%。

表 5.1 问卷调查样本人口学变量分布（$N=1048$）

人口学变量	分类	百分比/%	人口学变量	分类	百分比/%
性别	男	48.4	职业	个体经营者	8.4
	女	51.6		进城务工人员	5.0
年龄	14~19岁	6.9		农民	2.6
	20~29岁	36.5		下岗、无业、待业人员	2.4
	30~39岁	39.5		离、退休人员	2.3
	40~49岁	11.7	独生子女	是	41.1
	50岁及以上	5.4		否	58.9
学历	初中及以下	8.9	婚恋状态	单身	25.1
	高中/中专/技校	19.8		恋爱中	11.8
	大学专科	22.0		已婚	59.5
	大学本科	44.3		离异	2.3
	硕士及以上	5.0		分居	0.9
月收入	500元以下	4.4		丧偶	0.4
	500~1000元	4.5	居住状态	独居	11.0
	1001~3000元	17.8		和家人同住	78.4
	3001~8000元	46.0		和同学或朋友同住/合租	8.9
	8001~15000元	20.0		和陌生人合租	1.7
	15000元以上	7.3	现居住地	国内特大城市（北京、上海、广州、深圳）	18.5
职业	行政、事业单位干部	3.0		国内其他大城市（如各省会城市）	31.0
	行政、事业单位职工	7.3		国内中小城市（如各地级县市）	35.1
	国有、集体企业干部	3.1		乡镇	8.5
	国有、集体企业职工	7.9		农村	6.9
	三资、民营、私营企业高级主管	3.3	少年（14周岁以前）居住地	国内特大城市（北京、上海、广州、深圳）	9.3
	三资、民营、私营企业中级主管	7.2		国内其他大城市（如各省会城市）	21.1
	三资、民营、私营企业职员	14.5		国内中小城市（如各地级县市）	31.0
	自由职业者	13.2		乡镇	15.4
	专业技术人员（如教师、律师、医生等）	11.6		农村	23.3
	学生	8.5			

从居住状态来看,和家人同住的受访者占比 78.4%,独居的占 11.0%,和同学或朋友同住的占 8.9%,和陌生人合租的占 1.7%。

从居住地来看,现居住地为国内中小城市和特大城市以外的大城市的最多,分别占比 35.1%、31.0%,居住在国内特大城市(北京、上海、广州、深圳)的占 18.5%,居住在乡镇、农村的分别占 8.5%、6.9%。

少年居住地为国内中小城市和农村的最多,分别占 31.0%、23.3%;少年居住在国内其他大城市(如省会城市)、乡镇、国内特大城市的分别占 21.1%、15.4%、9.3%。

2. 自变量的描述性统计

自变量主要分为个人特质、隐私特性、信息环境三个维度。变量基于前文提到的相应量表展开测量。除了控制变量以外,采用李克特五级量表进行打分。对于行为变量来说,对于认同度,1 代表非常不认同,5 代表非常认同;对于相符程度,1 代表非常不符合,5 代表非常符合;对于同意表述,1 代表非常不同意,5 代表非常同意。均值显示了数据的集中趋势,标准差测量了数据分布或变异的离散程度。换句话说,标准差越小,说明紧密度越高;均值越大,则说明对选项的认同度/符合度/同意度越高。

本书通过均值和标准差对自变量的统计数据进行描述性分析。个人特质、隐私特性、信息环境三个自变量及各个选项的平均值和标准差见表 5.2,其中隐私价值选项进行了倒置处理。由于各变量由不同数量的选项组成,自变量的均值和标准差也分别由各自的选项之和计算。自变量由个人特质、隐私特性、信息环境三个类别选项组构成,如对个人特质 6 个变量展开操作化,那么总得分范围就为 6~30 分。SPSS 分析结果显示,个人特质维度的平均值为 21.47,高于阈值 18(衡量范围为 6~30),标准差为 4.773;隐私特性维度的平均值为 43.94,高于阈值 39(衡量范围为 13~65),标准差为 7.987;信息环境维度的平均值为 28.59,低于阈值 30(衡量范围为 10~50),标准差为 7.590。

此外,基于已有的隐私保护的理论研究,本书的控制变量主要包含年龄、性别、婚姻状况、受教育程度和经济收入。其中,年龄、性别和婚姻状况由受访者直接填写,受教育程度通过受访者提供的结果对其最高学历展开测量(1 = 初中及以下,5 = 硕士及以上)。经济收入基于当地平均水平展开测算(1 = 远低于平均水平,5 = 远高于平均水平)(平均值 $M = 2.88$,标准差 SD = 0.75)。

表5.2 自变量的均值和标准差（$N=1\,048$）

模型构建	建构分类	选项	平均值		标准差	
个人特质	自我效能	SE1：我有信心应对隐私风险	3.10	21.47	1.149	4.773
		SE2：我能在无人指导的情况下管理好我的隐私	3.27		1.166	
		SE3：我能在APP使用说明的指导下管理好我的隐私	3.16		1.173	
	网络素养	NL1：我能轻松检索、下载网络内容	4.10		1.031	
		NL2：我理解网络内容	4.10		0.932	
		NL3：我会在网络上发表言论并能够参与互动	3.74		1.202	
隐私特性	隐私关注	PC1：我担心隐私泄露	3.85	43.94	1.181	7.987
		PC2：我认为网络环境安全	2.98		1.166	
		PC3：我掌握了隐私管理技巧	3.07		1.128	
	隐私经历	PE1：我的个人隐私信息（搜索记录、金融账户等）曾被泄露	2.94		1.380	
		PE2：我的网络内容（如朋友圈内容、个人活动照片）曾被二次或多次传播和滥用	2.49		1.192	
	隐私监视	PM1：网络会过多搜集和使用我的隐私信息	4.00		1.130	
		PM2：网络会监视我的各种行为	3.93		1.129	
	隐私价值	PV1：注册会员会送礼物，我会填写个人信息	3.23		1.305	
		PV2：我愿意花更多的钱购买隐私保护性能强的产品	3.62		1.133	
		PV3：吃饭时点评送水果拼盘或者菜品，我会写点评信息	3.43		1.219	
	隐私疲劳	PF1：对我来说处理关系网络隐私很麻烦	3.77		1.159	
		PF2：针对隐私协议条款我不会阅读只会默认同意	3.70		1.223	
		PF3：我不会采取行动保护我的隐私了	2.90		1.391	

续表

模型构建	建构分类	选项	平均值	标准差
信息环境	人际环境	IE1：同事会影响我的隐私管理行为	2.65	1.064
		IE2：朋友会影响我的隐私管理行为	2.65	1.089
		IE3：家人会影响我的隐私管理行为	2.73	1.156
	契约环境	CE1：我国目前的法律规范能有效保护我的隐私	2.98	1.188
		CE2：行业协会（如中国互联网协会）的倡议指导能有效保护我的隐私	2.97	1.179
		CE3：网络平台的隐私协议能有效保护我的隐私	2.86	28.59	1.203	7.590
	技术环境	TE1：我认为网络技术（如算法）是中立的	2.94	1.059
		TE2：我认为网络技术是安全的	2.80	1.090
		TE3：我信任网络隐私保护技术	2.88	1.083
	舆论环境	我认为媒体报道宣传能够促进我的隐私管理行为	3.13	1.139

3. 因变量的描述性统计

隐私管理行为作为因变量。从理论层面来说，隐私管理主要包含五方面的内容：①私人信息（private information）；②私人界限（private boundaries）；③控制和所有权（control and ownership）；④基于规则的管理系统（rule-based management system）；⑤管理辩证法（management dialectics）。在实际应用中，往往通过交互管理、信息管理、边界/语境管理展开测量。

因变量同样基于前文相应量表进行测量。采用李克特五级量表进行打分。在"交互管理"这一类别中，通过分享方式、分享对象、分享类别展开测量。在"信息管理"这一类别中，除了"我会定期清除搜索记录和浏览记录"和"我会拒绝系统自动记忆我的账号密码"两个选项外，还结合《民法典》《个人信息保护法》和《网络安全标准实践指南——网络数据分类分级指引》，增加了对信息分级分类的测量。问卷中将拒绝收集的信息类别分为12项，共计选项加总转换，得分越高表明管理能力越强，分值为1~5分，1~3项每项1分，4~6项每项2分，7、8项每项3分，9、10项每项4分，11、12项每项5

分。其中,"不拒绝"选项是为了确保题目的穷尽性。除此选项之外,得分越高,表明隐私管理能力越强。在"边界/语境管理"这一类别中,将场景操作化为家庭、社会、交友、工作、跨文化、特定议题六个类别。各维度具体分布见表5.3和图5.1。

表5.3 隐私管理行为选项分布（$N=1\,048$）

类别	选项	占比/%				
		1	2	3	4	5
交互管理	IAM1：我会采取特定的隐私分享方式（如朋友圈、微博、知乎、豆瓣等）	5.7	6.3	25.9	31.4	30.7
	IAM2：我能够决定我的隐私分享对象（如家人、朋友、APP等）	3.8	5.2	22.0	34.2	34.8
	IAM3：我能够决定我的隐私分享类别（如普通个人信息、个人健康信息等）	4.2	5.2	25.2	32.0	33.4
信息管理	INM1：我会定期清除搜索记录和浏览记录	4.3	6.4	17.7	30.3	41.3
	INM2：我会拒绝系统自动记忆我的账号密码	6.4	10.3	23.0	26.7	33.6
	INM3：我会拒绝网络收集我的个人信息	30.3	28.1	13.8	11.5	15.9
边界/语境管理	BDM1：我会在家庭沟通中呈现我的个人信息	4.0	4.9	23.0	32.7	35.4
	BDM2：如果政府出于管理需要,我会呈现我的个人信息	2.5	3.8	16.6	34.8	42.3
	BDM3：我会在信任的社交圈内分享我的个人信息	10.3	15.3	28.8	24.7	20.9
	BDM4：我会针对特定的议题需要分享我的个人信息	6.2	12.4	29.1	30.2	22.0
	BDM5：我会在工作环境中分享我的个人信息	6.5	12.5	30.2	28.5	22.3
	BDM6：我会在跨文化交流的时候分享我的个人信息	13.9	17.6	29.3	21.2	18.0

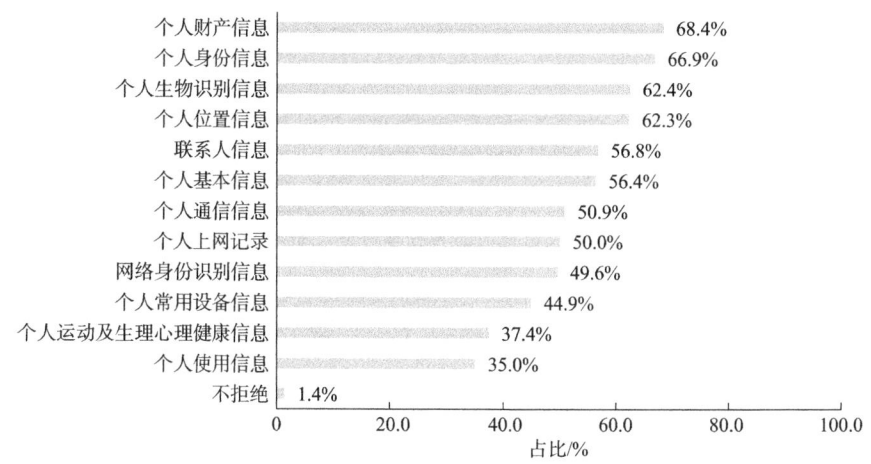

图 5.1　个人拒绝分享信息类别分布

需要补充的是，根据网民拒绝分享的信息类型，信息隐私的梯度划分也是本次研究的重要发现。可以看出，个人财产信息是最敏感的，其后依次是个人身份信息、个人生物识别信息、个人位置信息、联系人信息、个人基本信息、个人通信信息、个人上网记录、网络身份识别信息、个人常用设备信息、个人运动及生理心理健康信息、个人使用信息，这对于后续信息隐私共享的分级分类具有一定的参考意义。

5.1.3　问卷信度和效度检验

结构方程模型主要由外模型（测量模型，CFA）和内模型（结构模型）构成，在检验研究假设和理论模型之前，需要对网络调查问卷进行信度和效度分析。

本书首先采用 SPSS 28.0 对问卷量表进行信度检验。结果显示，总体 Cronbach's α 值达到 0.883，表明 41 个选项具有较高的内在一致性。根据表 5.4 中"删除项后的 Cronbach's α"栏，当剔除信息管理第三题"我会拒绝网络收集我的个人信息"、隐私关注第一题"我担心隐私泄露"、隐私经历第一题"我的个人隐私信息（搜索记录、金融账户等）曾被泄露"后，Cronbach's α 增大，表明这三项的信度较整体信度偏低，因此选择剔除以提升测量的整体信度。剔除后，38 个选项 Cronbach's α 达到 0.918。

表 5.4 删除项后的 Cronbach's α

构面	选项	删除项后的 Cronbach's α
隐私管理行为	IAM1：我会采取特定的隐私分享方式（如朋友圈、微博、知乎、豆瓣等）	0.878
	IAM2：我能够决定我的隐私分享对象（如家人、朋友、APP 等）	0.878
	IAM3：我能够决定我的隐私分享类别（如普通个人信息、个人健康信息等）	0.878
	INM1：我会定期清除搜索记录和浏览记录	0.879
	INM2：我会拒绝系统自动记忆我的账号密码	0.880
	INM3：我会拒绝网络收集我的个人信息	0.914
	BDM1：我会在家庭沟通中呈现我的个人信息	0.878
	BDM2：如果政府出于管理需要，我会呈现我的个人信息	0.879
	BDM3：我会在信任的社交圈内分享我的个人信息	0.878
	BDM4：我会针对特定的议题需要分享我的个人信息	0.877
	BDM5：我会在工作环境中分享我的个人信息	0.877
	BDM6：我会在跨文化交流的时候分享我的个人信息	0.878
自我效能	SE1：我有信心应对隐私风险	0.878
	SE2：我能在无人指导的情况下管理好我的隐私	0.879
	SE3：我能在 APP 使用说明的指导下管理好我的隐私	0.878
网络素养	NL1：我能轻松检索、下载网络内容	0.878
	NL2：我能理解网络内容	0.878
	NL3：我会在网络上发表言论并能够参与互动	0.877
隐私关注	PC1：我担心隐私泄露	0.884
	PC2：我认为网络环境安全	0.878
	PC3：我掌握了隐私管理技巧	0.878
隐私经历	PE1：我的个人隐私信息（搜索记录、金融账户等）曾被泄露	0.884
	PE2：我的网络内容（如朋友圈内容、个人活动照片）曾被二次或多次传播和滥用	0.882
隐私监视	PM1：网络会过多搜集和使用我的隐私信息	0.880
	PM2：网络会监视我的各种行为	0.881

续表

构面	选项	删除项后的 Cronbach's α
隐私价值	PV1：注册会员会送礼物，我会填写个人信息	0.879
	PV2：我愿意花更多的钱购买隐私保护性能强的产品	0.878
	PV3：吃饭时点评送水果拼盘或者菜品，我会写点评信息	0.878
隐私疲劳	PF1：对我来说处理关系网络隐私很麻烦	0.881
	PF2：针对隐私协议条款我不会阅读只会默认同意	0.883
	PF3：我不会采取行动保护我的隐私了	0.882
人际环境	IE1：同事会影响我的隐私管理行为	0.881
	IE2：朋友会影响我的隐私管理行为	0.881
	IE3：家人会影响我的隐私管理行为	0.882
契约环境	CE1：我国目前的法律规范能有效保护我的隐私	0.878
	CE2：行业协会（如中国互联网协会）的倡议指导能有效保护我的隐私	0.877
	CE3：网络平台的隐私协议能有效保护我的隐私	0.877
技术环境	TE1：我认为网络技术（如算法）是中立的	0.878
	TE2：我认为网络技术是安全的	0.878
	TE3：我信任网络隐私保护技术	0.878
舆论环境	我认为媒体报道宣传能够促进我的隐私管理行为	0.878

效度分析，即问卷设计的有效性和准确度的检测，用于测量选项设计是否合理。经验证，本书中外部模型的潜在变量全都基于反映性指标衡量，反映性指标通过载荷与概念相联系，两者的双变量相关性用因子载荷表示。在评估模型时需要检验各潜在变量即概念的信度和效度。通常外部模型需要检验模型的三种效度：一是内容效度（content validity），二是收敛效度（convergent validity），三是区分效度（discriminant validity）。模型的内部一致性是指模型各个观察变量的相关性，通常用组合信度（composite reliability，CR）评估，CR 值越高，说明每个在潜变量中所有题目解释该潜在变量的一致性越高。CR 值通常要求大于 0.7。

就效度检验来看，内容效度考察各项变量在结构模型中的代表性和综合性。为了确保内容的有效性，一种常用的方法是对各变量所在领域进行文献综述。前文综述部分和方法部分已对变量进行说明，因此认为测量模型具有内容有效性。

收敛效度主要指运用不同测量方法来测定同一特征时测量结果的相似程度，因此需要检验观察变量项的信度及平均方差萃取量（average variance extracted，AVE）。潜在变量各个观察变量的信度即因子载荷（loading）指每个概念能够被潜在变量所解释的程度。一般来说，因子载荷大于 0.5 表明概念能较好地被观察变量解释。平均方差萃取量则表明观察变量可以测出潜在变量值的百分比，通常认为 AVE 的临界值为 0.5。❶

区分效度通常被界定为当一个构面的多重指标互相聚合时，该构面的多重指标也应与其对立构面的测量指标存在负相关关系，即因素的负荷量（own-loadings）要大于其他因素的负荷量（cross-loadings）。

本书通过在 SmartPLS 3.3.7 软件中建立结构方程模型，对所有变量进行验证性因子分析（CFA），以测试变量的信度、效度和测量模型的拟合度，评估其内部一致性和区分性。各因子标准负荷、Cronbach's α、CR 和 AVE 值见表 5.5。测度模型显示，在隐私管理行为这一构面中，"信息管理"中第二题（"我会拒绝系统自动记忆我的账号密码"）及"边界管理"中第二题（"如果政府出于管理需要，我会呈现我的个人信息"）的载荷系数都小于 0.5，删除这两个测量题项之后，测度模型的拟合结果较好。

表 5.5　各因子标准负荷、Cronbach's α、CR 和 AVE 值

潜在变量	选项	标准化因子负荷	Cronbach's α	CR	AVE
隐私管理行为（交互管理、信息管理、边界管理）	IAM1	0.682	0.877	0.902	0.509
	IAM2	0.679			
	IAM3	0.714			
	INM1	0.551			
	BDM1	0.681			
	BDM3	0.757			
	BDM4	0.792			
	BDM5	0.776			
	BDM6	0.759			

---

❶　郭巧敏，杨伯溆. 让渡隐私成为必然代价？生物识别技术的行为意图分析 [J]. 中国传媒报告，2020（4）：25-36.

续表

潜在变量		选项	标准化因子负荷	Cronbach's α	CR	AVE
个人特质	自我效能	SE1	0.871	0.859	0.914	0.779
		SE2	0.890			
		SE3	0.888			
	网络素养	NL1	0.879	0.826	0.896	0.742
		NL2	0.870			
		NL3	0.834			
隐私特性	隐私关注	PC2	0.869	0.726	0.879	0.784
		PC3	0.901			
	隐私监视	PM1	0.946	0.905	0.954	0.912
		PM2	0.964			
	隐私价值	PV1	0.775	0.664	0.817	0.599
		PV2	0.743			
		PV3	0.802			
	隐私经历	PE1	0.970	0.773	0.688	0.560
		PE2	0.522			
	隐私疲劳	PF1	0.806	0.700	0.830	0.620
		PF2	0.754			
		PF3	0.801			
信息环境	人际环境	IE1	0.924	0.861	0.913	0.779
		IE2	0.932			
		IE3	0.784			
	契约环境	CE1	0.914	0.921	0.950	0.864
		CE2	0.944			
		CE3	0.931			
	技术环境	TE1	0.837	0.836	0.901	0.753
		TE2	0.890			
		TE3	0.875			

结果显示，外模型中所有观察变量的因子载荷均满足大于 0.5 的标准，表明潜在变量对概念的描述是可信的。模型中各个潜在变量的 Cronbach's α 和

CR值基本都高于0.7，说明调查变量之间的相关性较高，对潜在变量的解释度较好。潜在变量的AVE值均大于0.5，表示外模型具有较好的聚合效度。对角线上所有潜变量AVE值的平方根均大于潜在变量与其他潜在变量间的相关系数（表5.6），表明潜在变量的AVE值大于潜在变量之间的共享变异值，模型的区分效度较好。综上所述，本书构建的结构方程模型具有较好的信度和效度，模型可以接受。

表5.6 区别效度分析表

变量	人际环境	契约环境	技术环境	网络素养	自我效能	隐私价值	隐私关注	隐私疲劳	隐私监视	隐私管理行为	隐私经历
人际环境	0.883										
契约环境	0.177	0.930									
技术环境	0.196	0.656	0.868								
网络素养	0.084	0.292	0.286	0.861							
自我效能	0.071	0.598	0.551	0.352	0.883						
隐私价值	0.133	0.268	0.269	0.491	0.309	0.774					
隐私关注	0.112	0.561	0.602	0.340	0.623	0.333	0.885				
隐私疲劳	0.204	-0.066	0.023	0.201	-0.070	0.389	0.024	0.787			
隐私监视	0.205	-0.167	-0.037	0.275	-0.077	0.293	-0.025	0.480	0.955		
隐私管理行为	0.063	0.361	0.337	0.663	0.387	0.613	0.396	0.293	0.235	0.714	
隐私经历	0.277	-0.085	-0.002	0.029	-0.112	0.012	-0.072	0.154	0.340	-0.079	0.748

5.2 模型验证

5.2.1 变量描述和研究假设

1. 因变量及其操作化

隐私管理行为分为交互管理、信息管理和边界/语境管理展开，具体测量操作化情况见表5.7。

表5.7 隐私管理变量操作化

类别	因素	选项
隐私管理行为	交互管理	我会采取特定的隐私分享方式（如朋友圈、微博、知乎、豆瓣等）； 我能够决定我的隐私分享对象（如家人、朋友、APP等）； 我能够决定我的隐私分享类别（如普通个人信息、个人健康信息等）
	信息管理	我会定期清除搜索记录和浏览记录； 我会拒绝系统自动记忆我的账号密码； 我会拒绝网络收集我的个人信息： 1. 个人基本信息（姓名、生日、性别、地址、电话号码等）； 2. 个人身份信息（身份证、护照、驾驶证等）； 3. 个人常用设备信息（硬件序列号、手机电脑型号、唯一设备识别码等）； 4. 网络身份识别信息（个人信息主体账号、IP地址等）； 5. 个人使用信息（用户生成内容等）； 6. 个人位置信息（家庭住址、行踪轨迹、精准定位信息、住宿信息等）； 7. 联系人信息（通讯录、好友列表、电子邮件地址列表等）； 8. 个人生物识别信息（指纹、声纹、面部识别特征等）； 9. 个人通信信息（通信记录和内容、短信、彩信、电子邮件等）； 10. 个人运动及生理心理健康信息（如身高、体重、肺活量、身体健康情况、心理健康情况）； 11. 个人上网记录（通过日志存储的用户操作记录，包括网站浏览记录、点击数等）； 12. 个人财产信息（银行账户、鉴别信息、存款信息、虚拟货币、虚拟交易等） （共计选项加总转换，得分越高表明管理能力越强，分值为1~5分，1~3项每项1分，4~6项每项2分，7、8项每项3分，9、10项每项4分，11、12项每项5分）
	边界/语境管理	我会在家庭沟通中呈现我的个人信息； 如果政府出于管理需要，我会呈现我的个人信息； 我会在信任的社交圈内分享我的个人信息； 我会针对特定的议题需要分享我的个人信息； 我会在工作环境中分享我的个人信息； 我会在跨文化交流的时候分享我的个人信息

2. 自变量及其操作化

自变量主要有个人特质、隐私特性和信息环境三个因素，操作化情况见表5.8。

表5.8 自变量操作化

类别	因素	选项
个人特质	自我效能	我有信心应对隐私风险； 我能在无人指导的情况下管理好我的隐私； 我能在APP使用说明的指导下管理好我的隐私
	网络素养	我能轻松检索、下载网络内容； 我能理解网络内容； 我会在网络上发表言论并能够参与互动（分析、评价和创作内容）
隐私特性	隐私关注	我担心隐私泄露（收集、控制和实践感知）； 我认为网络环境安全； 我掌握了隐私管理的技巧
	隐私经历	我的个人隐私信息（搜索记录、金融账户等）曾被泄露； 我的网络内容（如朋友圈内容、个人活动照片）曾被二次或多次传播和滥用
	隐私监视	网络会过多搜集和使用我的隐私信息； 网络会监视我的各种行为
	隐私价值	注册会员会送礼物，我会填写个人信息； 我愿意花更多的钱购买隐私保护性能强的产品； 吃饭时点评送水果拼盘或者菜品，我会写点评信息
	隐私疲劳	对我来说处理关系网络隐私很麻烦； 针对隐私协议条款我不会阅读只会默认同意； 我不会采取行动保护我的隐私了
信息环境	人际环境	同事会影响我的隐私管理行为； 朋友会影响我的隐私管理行为； 家人会影响我的隐私管理行为
	契约环境	我国目前的法律规范能有效保护我的隐私； 行业协会（如中国互联网协会）的倡议指导能有效保护我的隐私； 网络平台的隐私协议能有效保护我的隐私

续表

类别	因素	选项
信息环境	舆论环境	我认为媒体报道宣传能够促进我的隐私管理行为
	技术环境	我认为网络技术（如算法）是中立的； 我认为网络技术是安全的； 我信任网络隐私保护技术（如区块链、隐私计算等，这种技术能够达到"数据不见面，算法模型见面"的效果，即别人看到的都是脱敏数据）

3. 人口统计学变量

此部分包含性别、年龄、职业、学历、月收入、独生子女与否、婚恋状态、居住状态、现居住地、少年居住地共10个变量，见表5.9。

表5.9 人口统计学变量操作化

类别	因素	选项
人口统计学信息	性别	男；女
	年龄	自由填空
	职业	行政、事业单位干部；行政、事业单位职工；三资、民营、私营企业高级主管；三资、民营、私营企业中级主管；三资、民营、私营企业职员；国有、集体企业干部；国有、集体企业职工；进城务工人员；学生；专业技术人员（如教师、律师、医生等）；下岗、无业、待业人员；离、退休人员；自由职业者；个体经营者；农民
	学历	初中及以下；高中/中专/技校；大学专科；大学本科；硕士及以上
	独生子女	是；否
	婚恋状态	单身；恋爱中；已婚；离异；分居；丧偶
	居住状态	独居；和家人同住；和同学或朋友同住/合租；和陌生人合租
	现居住地	国内特大城市（北京、上海、广州、深圳）；国内其他大城市（如各省会城市）；国内中小城市（如各地级县市）；乡镇；农村

续表

类别	因素	选项
人口统计学信息	少年（14周岁以前）居住地	国内特大城市（北京、上海、广州、深圳）；国内其他大城市（如各省会城市）；国内中小城市（如各地级县市）；乡镇；农村
	月收入	500元以下；500~1 000元；1 001~3 000元；3 001~8 000元；8 001~15 000元；15 000元以上（学生填写每月零花钱金额）

综合以上，提出以下研究假设，研究假设模型如图5.2所示。

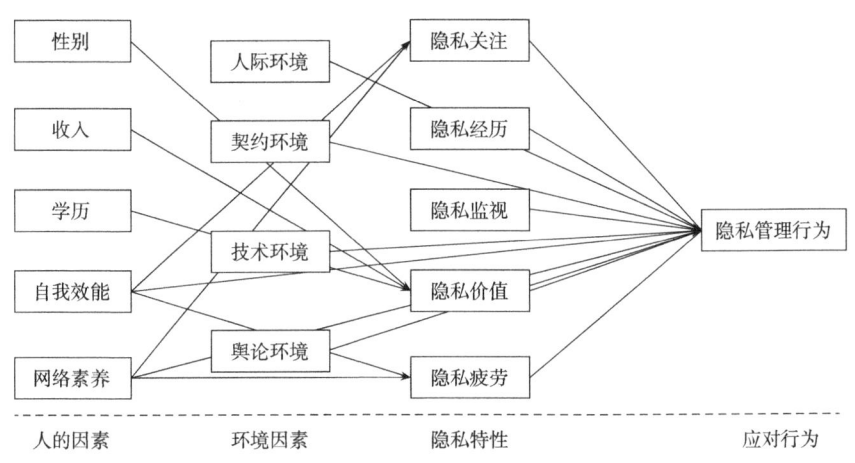

图 5.2 研究假设模型

(1) 隐私特性与隐私管理行为

H1a：就隐私特性来说，隐私关注正向影响隐私管理行为。

H1b：就隐私特性来说，隐私经历正向影响隐私管理行为。

H1c：就隐私特性来说，隐私监视正向影响隐私管理行为。

H1d：就隐私特性来说，隐私价值正向影响隐私管理行为。

H1e：就隐私特性来说，隐私疲劳负向影响隐私管理行为。

(2) 信息环境与隐私管理行为

H2a：就信息环境来说，人际环境正向影响隐私管理行为。

H2b：就信息环境来说，契约环境正向影响隐私管理行为。

H2c：就信息环境来说，舆论环境负向影响隐私管理行为。

H2d：就信息环境来说，技术环境正向影响隐私管理行为。

(3) 个人特质与隐私管理行为

H3a：就个人特质来说，自我效能正向影响隐私管理行为。

H3b：就个人特质来说，网络素养正向影响隐私管理行为。

(4) 个人特质与隐私特性

H4a：自我效能正向影响隐私关注。

H4b：自我效能负向影响隐私疲劳。

H4c：网络素养正向影响隐私关注。

H4d：网络素养负向影响隐私疲劳。

(5) 人口因素与隐私特性

H5a：与女性相比，男性更注重隐私价值。

H5b：收入对隐私价值具有正向影响。

H5c：学历对隐私价值具有正向影响。

5.2.2 假设与验证

本章使用SmartPLS 3.3.7对结构方程模型进行检验。模型中外生潜在变量包括隐私监视、隐私价值、人际环境、契约环境、技术环境、自我效能、网络素养，内生潜在变量包括隐私管理行为、隐私关注、隐私疲劳，利用内生变量之间的路径系数对模型进行评价。

由路径系数、p值和假设结论（表5.10）可知，除H1c、H2a、H2d、H3a四个假设未得到验证以外，假设H1a、H1b、H1d、H1e、H2b、H3b、H4a、H4b、H4c、H4d都在0.05的显著性水平下得到支持。

表5.10 变量假设验证结果

假设	路径	路径系数	p值	标准差	T统计量	结论
H1a	隐私关注→隐私管理行为	0.053*	0.048	0.027	1.975	支持
H1b	隐私经历→隐私管理行为	−0.097*	0.045	0.048	2.004	支持
H1c	隐私监视→隐私管理行为	0.048	0.110	0.030	1.597	不支持
H1d	隐私价值→隐私管理行为	0.295***	0.000	0.031	9.544	支持
H1e	隐私疲劳→隐私管理行为	0.103***	0.000	0.026	3.958	支持
H2a	人际环境→隐私管理行为	−0.048	0.081	0.027	1.746	不支持
H2b	契约环境→隐私管理行为	0.105**	0.001	0.032	3.278	支持
H2d	技术环境→隐私管理行为	0.020	0.492	0.029	0.688	不支持

续表

假设	路径	路径系数	p 值	标准差	T统计量	结论
H3a	自我效能→隐私管理行为	0.044	0.105	0.027	1.620	不支持
H3b	网络素养→隐私管理行为	0.421***	0.000	0.028	14.854	支持
H4a	自我效能→隐私关注	0.574***	0.000	0.029	19.540	支持
H4b	自我效能→隐私疲劳	−0.161***	0.000	0.036	4.501	支持
H4c	网络素养→隐私关注	0.138***	0.000	0.028	4.911	支持
H4d	网络素养→隐私疲劳	0.257***	0.000	0.034	7.593	支持

注：*表示概率 $p<0.05$；**表示 $p<0.01$；***表示 $p<0.001$。

其余假设仍通过 SPSS 进行检验。通过单因素方差分析（ANOVA）检验的方法对 H2c 进行检验，结果见表 5.11，显示 H2c 假设成立，即舆论环境显著影响隐私管理行为（参照多重比较结果进行分析，相比非常认同舆论环境的，非常不认同的隐私管理行为得分更高）。由于舆论环境与隐私管理行为的单因素 ANOVA 检验结果方差不齐，所以采用 Tamhane's T2 法进行两两比较，具体见表 5.12。

表 5.11 单因素 ANOVA 检验结果

项目	平方和	自由度	均方	F 值	显著性
组间	566.134	4	141.534	18.797	<0.001
组内	7 853.560	1 043	7.530	—	—
总计	8 419.694	1 047	—	—	—

表 5.12 多重比较结果

舆论环境（我认为媒体报道宣传能够促进我的隐私管理行为）	舆论环境（我认为媒体报道宣传能够促进我的隐私管理行为）	平均值差值	标准误差	显著性	95%置信区间	
					下限	上限
非常不认同	比较不认同	−1.554 52	1.074 31	0.802	−4.598 8	1.489 7
	一般认同	−1.044 92	1.005 08	0.972	−3.900 5	1.810 7
	比较认同	−3.871 36*	1.025 55	0.002	−6.782 3	−0.960 4
	非常认同	−9.419 03*	1.132 61	<0.001	−12.625 1	−6.212 9

续表

舆论环境（我认为媒体报道宣传能够促进我的隐私管理行为）	舆论环境（我认为媒体报道宣传能够促进我的隐私管理行为）	平均值差值	标准误差	显著性	95%置信区间	
					下限	上限
比较不认同	非常不认同	1.554 52	1.074 31	0.802	-1.489 7	4.598 8
	一般认同	0.509 60	0.681 05	0.998	-1.409 4	2.428 6
	比较认同	-2.316 83*	0.710 92	0.012	-4.319 4	-0.314 3
	非常认同	-7.864 51*	0.858 17	0.000	-10.287 3	-5.441 7
一般认同	非常不认同	1.044 92	1.005 08	0.972	-1.810 7	3.900 5
	比较不认同	-0.509 60	0.681 05	0.998	-2.428 6	1.409 4
	比较认同	-2.826 43*	0.601 20	<0.001	-4.515 9	-1.137 0
	非常认同	-8.374 11*	0.769 74	0.000	-10.550 5	-6.197 7
比较认同	非常不认同	3.871 36*	1.025 55	0.002	0.960 4	6.782 3
	比较不认同	2.316 83*	0.710 92	0.012	0.314 3	4.319 4
	一般认同	2.826 43*	0.601 20	<0.001	1.137 0	4.515 9
	非常认同	-5.547 68*	0.796 28	<0.001	-7.797 3	-3.298 0
非常认同	非常不认同	9.419 03*	1.132 61	<0.001	6.212 9	12.625 1
	比较不认同	7.864 51*	0.858 17	0.000	5.441 7	10.287 3
	一般认同	8.374 11*	0.769 74	0.000	6.197 7	10.550 5
	比较认同	5.547 68*	0.796 28	<0.001	3.298 0	7.797 3

注：*表示组均值差是显著的。

收入、学历与隐私价值的相关性也通过单因素 ANOVA 进行检验，见表 5.13。由表 5.13 可知，收入对隐私价值的影响不显著。学历显著影响隐私价值，即初中及以下学历与大学专科、大学本科及高中/中专/技校与大学本科均值差明显（表 5.14），大学专科、大学本科群体相比初高中群体隐私价值感更高（不愿以隐私换取便利）。由于单因素 ANOVA 检验结果方差不齐，采用 Tamhane's T2 法进行多重比较，具体见表 5.15。

表 5.13 收入-隐私价值单因素 ANOVA 检验结果

项目	平方和	自由度	均方	F 值	显著性
组间	74.680	5	14.936	1.865	0.098

续表

项目	平方和	自由度	均方	F 值	显著性
组内	8 345.014	1 042	8.009	—	—
总计	8 419.694	1 047	—	—	—

表 5.14　学历-隐私价值单因素 ANOVA 检验结果

项目	平方和	自由度	均方	F 值	显著性
组间	85.003	4	21.251	2.659	0.032
组内	8 334.691	1 043	7.991	—	—
总计	8 419.694	1 047	—	—	—

表 5.15　学历-隐私价值多重单因素 ANOVA 检验结果

学历	学历	平均值差值	标准误差	显著性	95% 置信区间	
					下限	上限
初中及以下	高中/中专/技校	-0.425 56	0.352 62	0.228	-1.117 5	0.266 4
	大学专科	-0.690 13*	0.347 16	0.047	-1.371 3	-0.008 9
	大学本科	-0.923 73*	0.321 17	0.004	-1.553 9	-0.293 5
	硕士及以上	-0.540 94	0.489 49	0.269	-1.501 4	0.419 6
高中/中专/技校	初中及以下	0.425 56	0.352 62	0.228	-0.266 4	1.117 5
	大学专科	-0.264 57	0.270 21	0.328	-0.794 8	0.265 6
	大学本科	-0.498 18*	0.235 88	0.035	-0.961 0	-0.035 3
	硕士及以上	-0.115 38	0.438 28	0.792	-0.975 4	0.744 6
大学专科	初中及以下	0.690 13*	0.347 16	0.047	0.008 9	1.371 3
	高中/中专/技校	0.264 57	0.270 21	0.328	-0.265 6	0.794 8
	大学本科	-0.233 61	0.227 63	0.305	-0.680 3	0.213 1
	硕士及以上	0.149 18	0.433 90	0.731	-0.702 2	1.000 6
大学本科	初中及以下	0.923 73*	0.321 17	0.004	0.293 5	1.553 9
	高中/中专/技校	0.498 18*	0.235 88	0.035	0.035 3	0.961 0
	大学专科	0.233 61	0.227 63	0.305	-0.213 1	0.680 3
	硕士及以上	0.382 79	0.413 40	0.355	-0.428 4	1.194 0

续表

学历	学历	平均值差值	标准误差	显著性	95%置信区间	
					下限	上限
硕士及以上	初中及以下	0.540 94	0.489 49	0.269	−0.419 6	1.501 4
	高中/中专/技校	0.115 38	0.438 28	0.792	−0.744 6	0.975 4
	大学专科	−0.014 918	0.433 90	0.731	−1.000 6	0.702 2
	大学本科	−0.382 79	0.413 40	0.355	−1.194 0	0.428 4

注：*表示组均值差是显著的。

性别与隐私价值相关性采用独立样本 t 检验。当 $p<0.05$，推翻等方差的假定，其显著性水平小于 0.05，所以性别对隐私价值的影响不显著（表 5.16）。

表 5.16 独立样本 t 检验结果

		莱文方差等同性检验				平均值等同性 t 检验					
		F 值	显著性	t 值	自由度	显著性		平均值差值	标准误差差值	95%置信区间	
						单侧 p	双侧 p			下限	上限
隐私价值	假定等方差	4.530	0.034	0.313	1 046	0.377	0.755	0.054 83	0.175 36	−0.289 28	0.398 93
	不假定等方差	—	—	0.312	1 024.454	0.378	0.755	0.054 83	0.175 82	−0.290 18	0.399 84

具体来看，在隐私特性与隐私管理行为的假设中，隐私关注、隐私经历、隐私价值正向影响网民的隐私管理行为，隐私疲劳负向影响网民的隐私管理行为，隐私监视和隐私管理行为之间关系不显著。信息环境与隐私管理行为的假设中，人际环境、契约环境正向影响网民的隐私管理行为，舆论环境负向影响网民的隐私管理行为，技术环境与隐私管理行为之间关系不显著。在个人特质与隐私管理行为的假设中，自我效能和隐私管理行为之间关系不显著，网络素养正向影响网民的隐私管理行为。在个人特质与隐私特性中，自我效能、网络素养正向影响隐私关注，自我效能、网络素养负向影响隐私疲劳。在人口因素与隐私特性中，高学历群体更在乎隐私价值，性别、收入和隐私价值感知不显著。最终模型如图 5.3 所示，其中实线代表显著，虚线代表不显著。

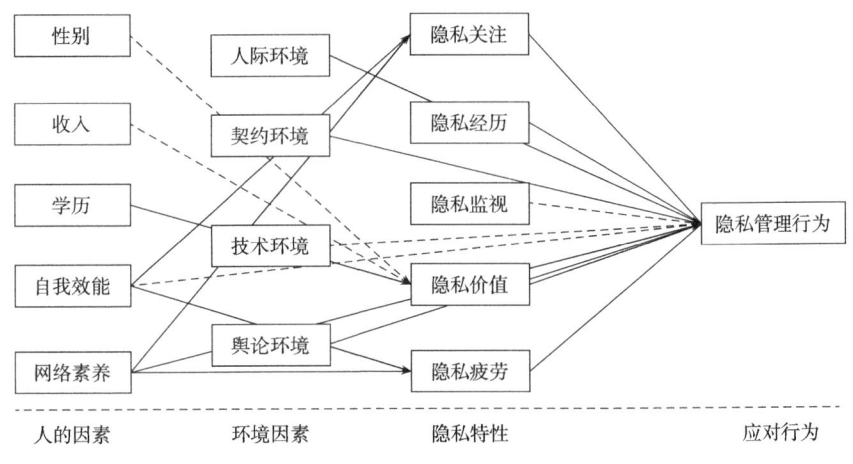

图 5.3 研究假设模型

5.2.3 假设的讨论与分析

1. 隐私特性与隐私管理行为

隐私话题的研究常常在隐私关注、隐私经历、隐私监视、隐私疲劳、隐私价值等层面展开讨论,如申琦对隐私关注与隐私保护行为之间的研究[1]、马苏尔(Masur P.K.)等对隐私经历和隐私管理行为之间关系的研究[2]。鲁伊(Rooy)等认为监视会让人产生数字阴影[3],田馨滦等对隐私疲劳的影响因素展开了研究[4]。笔者将隐私关注、隐私经历、隐私监视、隐私疲劳、隐私价值归结为隐私特性,这些因素将影响个体的隐私管理行为。

研究发现,隐私关注、隐私经历、隐私价值正向影响网民的隐私管理行为,隐私疲劳负向影响网民的隐私管理行为,隐私监视和隐私管理行为之间关系不显著。隐私关注层面,伴随数据商用的发展和个人主体意识的崛起,隐私关注成为隐私研究中的重要变量。根据拉尼尔(Lanier)和赛尼(Saini)的分

---

[1] 申琦. 网络信息隐私关注与网络隐私保护行为研究:以上海市大学生为研究对象[J]. 国际新闻界, 2013 (2): 122-131.

[2] MASUR P K, TREPTE S. Transformative or not? How privacy violation experiences influence online privacy concerns and online information disclosure [J]. Human Communication Research, 2021, 47 (1), 49-74.

[3] ROOY D V, BUS J. Trust and privacy in the future internet—a research perspective [J]. Identity in the Information Society, 2010, 3 (2): 397-404.

[4] 田馨滦,韩钰馨,张晓娟. 移动社交媒体用户隐私疲劳的影响因素研究——基于扎根理论和 ISM 模型的分析 [J]. 信息资源管理学报, 2021, 11 (5): 1-11.

析，隐私关注通常被分为三类：①收集，消费者希望收集者告知其个人信息的收集和使用情况。②控制，消费者希望对个人信息的收集和收集者之间的信息共享具有一定的控制权。③安全性，大多数消费者希望确保他们提供给收集者的个人信息，尤其是在线信息，以及这些信息的存储是安全的、不被滥用的。❶ 因此，网民个体对隐私数据的收集、控制和安全性感知正向影响隐私管理行为。隐私经历层面，一般操作化为被泄露或恶意传播经历。在网络世界中受到隐私侵犯更多的人会更加在意隐私，并进一步调整自身的隐私管理行为。隐私价值的衡量主要体现在权衡，如用隐私换取便利，包括礼物和金钱的兑现，也包括时间和精力的花费，法学上通常表现为财产说和人格说的讨论。伴随网络社会的深入发展，用户往往会对隐私价值作出衡量，从而进一步对自身的隐私进行管理。隐私疲劳也可以理解为隐私麻木（privacy apathy and privacy fatigue），网民感到无能为力，就放任平台、机构和其他用户访问其数据，对隐私管理会采取消极的态度，这种行为也可以称为数字辞职。❷ 隐私监视与隐私管理行为关系不显著，这或许是因为伴随大数据时代的到来，私人空间的隐私让渡体现在数字窃听技术、安全技术，公共空间的隐私让渡体现在监视和搜索无处不在。数据从根本上使得监控和搜索变得更加容易，信息收集技术迎合了搜索的需要，社会逐渐变成一个由并行信息处理器组成的村庄，在哪里都能够实现在任意时刻重构事件和追踪行为。当监视成为一种环境时，相比其他更具有个体性的因素，其对隐私管理行为的影响不突出。

2. 信息环境与隐私管理行为

美国社会学家帕森斯在《社会行动的结构》中提供了一种理解个体行为的框架，并归纳出一般的行动系统，主要包含行为有机体系统、人格系统、文化系统、社会系统（政治、经济、教育、宗教、家庭和法律），这些作为外部环境并最终影响个体行为，因此外部环境诸如制度环境、人际关系、家庭环境等对个体行为都有潜移默化的影响。❸ 在综述中，笔者将信息环境操作化为人际环境、契约环境、舆论环境和技术环境。牛静等发现人际信任影响隐私风险

---

❶ LANIER C D, SAINI A. Understanding consumer privacy: a review and future directions [J]. Academy of Marketing Science Review, 2008, 12 (2): 1-45.
❷ DRAPER N A, TUROW J. The corporate cultivation of digital resignation [J]. New Media & Society, 2019, 21 (8): 1824-1839.
❸ 李猛."社会"的构成：自然法与现代社会理论的基础 [J]. 中国社会科学，2012 (10)：87-106, 206-207.

感知和自我披露。❶ 桑娜·克鲁克迈尔（Sanne Kruikemeier）等基于社会契约理论，认为制度是不同群体之间的契约，并影响隐私管理行为。❷ 根据议程设置理论，媒体报道不能决定个体怎么想，但能决定个体想什么，因此本书中将舆论环境操作化为媒体报道。技术环境的信任一定程度上影响隐私管理行为，但技术信任往往是与技术风险联系在一起的。帕夫洛（Pavlou）的研究证明，技术信任对新技术的使用意图可以产生直接影响。因此，从人际环境、契约环境、舆论环境和技术环境四个角度探讨隐私管理行为就具备了现实意义，这对技术框架设计、政策标准制定、媒体报道方式、生态空间培育产生影响。

研究发现，信息环境与隐私管理行为的假设中，人际环境、契约环境正向影响网民的隐私管理行为，舆论环境负向影响网民的隐私管理行为，技术环境与隐私管理行为之间关系不显著。人际环境层面，不管是作为初级群体的家人还是作为次级群体的朋友、同事，对个体的社会化都具有重要影响，因此家人、朋友和同事对自身的隐私管理行为具有重要影响。契约环境层面，网络社会的参与主体是多元的，政府、网民、企业、行业纷纷参与其中，对应的法律、政策、协议、行业倡导就是契约的体现。契约可以促进对话的可持续性，提高网民的安全感❸，因此契约规则的商讨正向影响网民的隐私管理行为。舆论环境层面，笔者根据长期的网络参与式观察和对于网络数据的抓取，发现当下的媒体报道更多地侧重从隐私泄露负面影响的角度展开。1983年戴维森（W. Phillips Davison）提出第三人效果假说，认为当人们评估来自大众传媒的负面信息时，往往会产生偏见，认为此类信息对他人态度与行为的影响要高于自己，因此就忽略了自身的隐私管理行为调整。这或许与当下媒体报道的题材选择、报道方式密切相关。当然，伴随新媒体的快速发展，一些媒体报道片面追求"爆点"，影响了网民对媒体的信任，从而对网民行为的影响能力在减

---

❶ 牛静，孟筱筱. 社交媒体信任对隐私风险感知和自我表露的影响：网络人际信任的中介效应 [J]. 国际新闻界，2019, 41 (7)：91-109.

❷ SANNE K, SOPHIE C B, NADINE B. Breaching the contract? Using social contract theory to explain individuals' online behavior to safeguard privacy [J]. Media Psychology, 2020, 23 (2)：269-292.

❸ CARDON P W, et al. Recorded business meetings and AI algorithmic tools: negotiating privacy concerns, psychological safety, and control [J]. International Journal of Business Communication, 2023, 60 (4)：1095-1122.

弱。技术环境层面，伴随信息化的发展，劳伦斯·莱斯格（Lawrence Lessig）创新性地提出代码是网络空间的规制者，代码就是法律，这意味着越来越多的代码工作者正在成为立法者，他们决定互联网的缺省设置应当是什么，隐私是否被保护，匿名的程度如何，所接受的连接范围等。而在新闻传播领域，技术决定论、技术中立论、社会决定论始终是讨论的焦点，当下的技术环境与政府治理正处于博弈状态，因此本书尚未明确得出技术环境对网民隐私管理的影响。

3. 个人特质与隐私管理行为

自我效能和网络素养是研究隐私话题的重要变量，并以个体化的特征呈现。以往的传播学研究中往往基于技术接受模型、创新扩散模型展开对自我效能的测量，通常表现为个人对科技产品的使用情况，而学术领域对自我效能的测量则基于社会认知理论。网络素养是在媒介素养的基础上发展起来的，具体到本书研究的问题，笔者认为自我效能和网络素养作为更直接的因素，可以影响网民的隐私管理行为。一些学者通过深度访谈发现缺乏自我效能影响个人使用数字技术，并进一步影响网民在线隐私的表达。❶ 这是因为当个体认为自己的自我效能感较差时，可能会忽视自身的脆弱性认知，从而消极对待隐私管理。如果说网络素养是媒介素养发展的结果，那么网络素养中的隐私素养则是本书期待进一步探讨的。在申琦的相关研究中，网络素养表现为接近、分析、评价和生产信息的能力，并进一步影响个体的隐私保护行为。❷ 因此，通过自我效能和网络素养的测量分析，可以进一步从个人特质角度出发，探索隐私素养的架构，并探究网民的隐私管理行为。

研究发现，在个人特质与隐私管理行为的假设中，自我效能和隐私管理行为之间关系不显著，网络素养正向影响网民的隐私管理行为。自我效能层面，自我效能感（self-efficacy）指的是个体对自己能否在一定水平上完成某一活动所具有的能力判断、信念信仰，或者说是主体自我的把握与感受。从理论上讲，自我效能是个体从事某一活动所表现出的能力。调查问卷从隐私风险的信

---

❶ SEO H, BRITTON H, RAMASWAMY M, et al. Returning to the digital world: digital technology use and privacy management of women transitioning from incarceration [J]. New Media & Society, 2022, 24 (3): 641-666.

❷ 申琦. 网络素养与网络隐私保护行为研究：以上海市大学生为研究对象 [J]. 新闻大学, 2014 (5): 9.

息、隐私管理技能角度展开。具体风险细化为四个方面：一是经济风险，隐私泄露可以带来经济损失；二是潜在的不安全产品和服务造成的个人风险，如软件病毒；三是由于监控不完善造成的卖方业绩风险；四是隐私风险，如被公开私人消费者信息。隐私管理技能更多的是在使用媒介时如何对待隐私协议的问题。不管是隐私风险还是隐私管理技能，在当下的网络社会治理中，网民都处于被动的地位，"知情-同意"形同虚设，因此对个体的隐私管理行为没有产生实质影响。网络素养层面，接近、分析、评价和生产信息的能力贯穿在网民与媒介接触的每个瞬间，表现出的数字素养和信息素养对网络空间活动具有重要意义，如个体的隐私保护意识、对网络空间安全的感知等，因此网络素养正向影响网民的隐私管理行为。数字时代，隐私素养的培养极为迫切。

4. 个人特质与隐私特性

网民与隐私是本书聚焦的对象，因此笔者基于个人特质和隐私特性展开系列假设，将个人特质分为自我效能和网络素养展开研究，将隐私关注和隐私疲劳作为隐私特性的重要构成，进一步探讨自我效能和网络素养对隐私关注、隐私疲劳的影响。研究发现，在个人特质与隐私特性中，自我效能、网络素养正向影响隐私关注，自我效能、网络素养负向影响隐私疲劳。这也进一步印证，在平台社会，对于个人来讲，需要在传统媒介素养、网络素养教育的基础上有意识地培养隐私素养。当下首席数据官、首席隐私官的提出对预防和制止平台经济领域垄断行为、个体自主性的发挥都具有重要意义。

5. 人口因素与隐私特性

人口统计学通过调查的数量表现揭示人口现象的本质、规律和发展趋势，是人口学研究的重要构成，也是社会经济统计学的重要组成部分。特定情况下，人口总量的规模、人口性别结构比例、年龄结构比例、行业与职业结构比例、文化结构比例和民族结构比例等所显示的人口现象的数量特征是人口统计学的研究范围，但并不是孤立地描述这些人口现象的数量特征，而是以此进一步了解社会内在的运行逻辑，揭示人口的性质与特点。❶ 隐私话题也不例外。在本书中，笔者基于研究问题的需要，主要探讨性别、收入和学历对隐私价值感知的影响。研究发现，在人口因素与隐私特性中，高学历群体更在乎隐私价

---

❶ 温勇. 人口统计学 [M]. 南京：东南大学出版社，2006.

值、性别、收入和隐私价值感知关系不显著。高学历群体在隐私价值的权衡中会更多地思考行为对隐私产生的影响，思考是否愿意为了便利让渡隐私。对于性别而言，更多的是孤立的因素，因此男、女性对隐私价值的权衡关系不显著。对于收入而言，因为收入受到多种因素的影响，如学历的高低、成长环境、时间积累、技术运用、社会机遇等，所以单方面看收入和隐私价值感知，不能有较为明确的答案。本书后续会基于人口学变量的多元回归，进一步发现隐私管理中"人"的因素，之所以这样做，是因为隐私管理行为指数的高低受到年龄、经济水平、技术素养、地域、教育水平、种族、社会制度等多重因素影响，需要基于人口统计学特征分层次分梯队一一探究，这对后续隐私素养培养方案的制定、隐私保护模型的提出都具有重要影响。

5.3　隐私管理行为多元回归模型及其解释

人是一切社会关系的总和，把握社会实践不能离开社会生活中的人，只有通过人在社会中的行为，才能把握社会空间和社会时间的本质意义。❶ 一般来讲，社会空间表现在四个方面：一是具体的场所，如国家、省市、城乡、社区、工作空间、家庭空间、历史空间、文化空间等，这些不仅是物理划分，还有更多的社会因素；二是人们日常生活的行动场所及体验空间；三是社会空间不仅是社会行动者生存的基本客观结构条件，也是社会表现、社会关系和社会过程，这意味着社会不是停滞的，而是变动的；四是社会空间是一种社会产物，并被人类规定与建构。❷ 就隐私来说，伴随信息技术的发展，人们的隐私观念正在发生变迁，这是技术与社会互动的体现，这背后的社会空间因素是理解数字时代隐私观念的重要突破口。社会时间的分化往往从以下四方面理解：一是生命的历程，反映出来的变量就是年龄；二是世代的交替，反映到社会时间变量上就是以父子概念为核心的"辈"或"代"的概念；三是社会关系空间制度的延续，一方面社会关系共识规则不断建构社会的规范与制度，这些制约着社会中的每个人，另一方面社会规范与制度的延续使得每个人具有了社会时间意义上的概念丛，形成的变量包含制度化规定的受教育时间（学龄）、家庭生活与存续时间、工作持续时间（工龄），以及社会地位积累过程中形成的

---

❶ 刘德寰. 年龄论：社会空间中的社会时间 [M]. 北京：中华工商联合出版社，2007：5.
❷ 同❶52.

职称、资格、位置与资历；四是作为认为整体的延续的历史时间，主要包含间接体验的纯历史时间和以直接体验为核心事件式的社会时间。❶ 以上详析对于理解隐私管理行为的社会时空因素是具有实际意义的。

在模型构建中，笔者基于社会时空视角，从多元维度考察个体生命空间、家庭空间、社会空间共同作用于个体所反映出来的丰富差异和变化趋势。在个体角度，围绕其周围的、影响其行为的社会空间内容与形式往往不能被切分，在实际的生活实践中它们是统一联系在一起的，社会空间内容的多样性与形式的多层次性是交织在一起的，其社会展现体现出综合的效果，因此模型将个体的年龄、性别、收入、文化程度、现居住地、少年居住地等变量进行了交互和变换，并将最终构造出的复杂的社会空间形式纳入统计分析。这些作为社会时空中重要的变量，对于认识社会现象背后的调查有着重要意义，可以帮助我们理解隐私问题反映的社会互动。将年龄、男性、工作单位性质、收入、学历、现居住地、少年居住地、未婚、独生子女都纳入回归方程，后续分析的时候控制变量单独探讨（表5.17）。

表5.17 隐私管理行为讨论涉及的变量

自变量	标准回归系数	显著性水平（sig）
独居	0.16599**	0.003
独居×少年居住地	−0.06068***	<0.001
职业	−0.00227	0.254
年龄	−0.00761	0.697
年龄平方	0.00043	0.356
年龄立方	-6.51×10^{-6}	0.092
男性	−0.21123	0.144
年龄×男性	−0.01474*	0.043
年龄平方×男性	0.00022*	0.044
现居住地	0.00889	0.936
现居住地平方	−0.01135	0.787
现居住地立方	0.00211	0.661

---

❶ 刘德寰. 年龄论：社会空间中的社会时间 [M]. 北京：中华工商联合出版社，2007：53-54.

续表

自变量	标准回归系数	显著性水平（sig）
独生子女	-0.082 93***	<0.001
未婚	-0.111 92*	0.021
未婚×独生子女×现居住地	0.045 09*	0.043
未婚×独生子女×现居住地平方	-0.008 49*	0.044
工作单位性质	-0.086 99**	0.005
学历	0.062 66	0.582
学历平方	-0.004 82	0.907
学历立方	-0.001 45	0.753
收入	-0.028 91	0.696
收入平方	0.007 77	0.639
收入4次方	-0.000 15	0.448
收入平方×工作单位性质×学历	0.001 1**	0.008
常量	4.302 35***	<0.001

注：＊表示 $p<0.05$；＊＊表示 $p<0.01$；＊＊＊表示 $p<0.001$。

5.3.1　45岁成女性隐私管理行为指数转折点

在上文的单因素变量分析中，笔者发现对于单一的性别因素，其与隐私管理行为关系是不显著的，这是因为在性别与隐私管理行为之间需要考虑所处的社会阶段。社会阶段的划分一般分为两种：一种是人为的划分。例如，对于互联网的发展，科学家们基于信息技术特点，分为web1.0、web2.0和web3.0阶段，对应到网络传播的研究，则是门户网站、社交媒体和短视频直播等研究阶段。这种划分往往具有一定的主观性，是人们基于发展阶段归纳的。再如，经济的发展分为成长期、成熟期和衰退期。另一种则是自然规律的划分。例如，古人讲二十弱冠、三十而立、四十不惑、五十而知天命、六十花甲、七十古来稀、八十耄耋，是人生不同阶段的划分，对应到研究中就是年龄阶段，也就是生命周期视角。李雪莲、刘德寰在研究中指出，生命周期通常将生命视为随个体或组织而发展，在这个过程中，个体的社会关系和社会角色是不断变化、循环和转换的。❶ 生命周期研究视角主要关注的是社会角色的变化，这是因为社会角色不同，往往意味着责任不同，对应到实践中则是生活目标和焦点不同，如青少年时期以学业为主，青壮年时期以工作为主，中老年时期以家庭为主，这种角色的转换和变化保证了个体生活在某一阶段稳定，使各种风险最小化。在实际操作中，往往通过生命阶段的年龄展开。但是需要警惕生命周期理论的局限性：一是其试图寻找普世化的生命阶段，这是不现实的，因为工作、婚姻、社交、居住等各种因素都会对其产生影响，甚至包括突发的公共危机事件，如疫情；二是生命周期无法兼顾角色的多重性，正如巴里·威尔曼（Barry Wellman）教授在2020年的讲座中提出的，网络化工作是现代社会工作的主要模式，个体活跃在不同的团体中，角色各异，高效灵活，这也是零工经济（gig economy）得以诞生的重要条件❷；三是其对时空的重要性不够敏感。后文会基于此展开讨论。

为进一步探究隐私管理行为的社会性因素，在模型建构时从多个维度考察生命周期、家庭周期和社会分层呈现出的差异和趋势，这些差异和趋势往往与个体的性别、年龄、学历、月收入、职业、独生子女与否、婚恋状态、居住状态、现居住地、少年居住地密切交织，并呈现综合的结果。❸ 因此，在生命周期模型建构中，笔者将隐私管理行为与性别、年龄进行交互和变化，并最终纳入生命空间的分析。具体模型如图5.4所示。

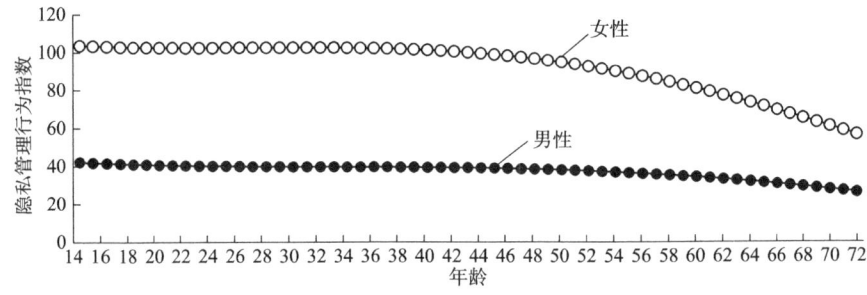

图5.4　隐私管理行为与性别、年龄的多元线性回归分析

---

❶ 李雪莲，刘德寰. 生命周期视角下青少年网络游戏使用行为研究［J］. 现代传播（中国传媒大学学报），2016（8）：8.

❷ 此次讲座主题为《A Network Pilgrim Progress：26 Realization in 55 Years》，笔者在线参加。

❸ 李雪莲，刘德寰. 知沟谬误：社交网络中知识获取的结构性悖论［J］. 新闻与传播研究，2018，25（12）：17.

从整体来看，主要结论有：

1）女性的隐私管理行为指数高于男性。
2）女性步入中年后隐私管理行为指数有所降低。
3）男性随年龄增长隐私管理行为指数降低，但整体比较平缓。

首先，从性别来看，女性的隐私管理行为指数在各个年龄阶段都是高于男性的，这是因为无论在传统社会还是网络社会，女性往往被社会环境塑造为弱势群体。家庭、学校、社会通过各种形式教育女性要注意保护自己，女权主义者也试图探索一套帮助女性减少在线性骚扰的方法[1]，但即便如此，据联合国统计数据，全球仍有35%的女性都曾经历过身体或性暴力。这不仅仅针对成年女性，据统计，全球1.2亿未成年女孩曾被强迫发生性行为。[2] 其次，从年龄来看，男性的隐私管理行为指数一直相对平稳，这是因为在中国传统文化中，男女的分工是相对固定的，即男性关注外面的世界，女性更多关注家庭。此次调查研究的网民也有类似的情况，但在女性45岁以前，隐私管理行为指数相对平稳。这是因为伴随全球化和互联网的发展，现代女性意识崛起，更多的女性得以外出工作。45岁以后，女性的隐私管理行为指数开始下降。根据我国年龄阶段的划分，0（初生）~6岁为婴幼儿，7~12岁为少儿，13~17岁为青少年，18~45岁为青年，46~69岁为中年；大于69岁为老年。[3] 45岁作为分界点，与女性社会角色的变化密切相关。

综合来看，生命周期视角下，虽然年龄是社会生活中一个简单的概念，每个人都能够理解，主要是衡量人生过程的一个标签，但年龄不是一个静态的指标，而是一个动态的过程指标，这与社会变迁密切相关。为何在本书的研究中45岁是女性隐私管理行为变化的转折点？从全球化的视角来看，在后工业化时期，企业规模进一步扩大，对人才的需求增大，社会安全保障进一步健全。与此同时，家用电器等技术进一步解放了女性，更多女性步入职场。[4] 但女性隐私管理行为指数一直是高于男性的，这表明在网络时代，女性群体的在线隐

---

[1] JASMINE R L., DANIELLE J C. Privacy for whom? A feminist intervention in online research practice [J]. Information, Communication & Society, 2019, 22 (10): 1447-1463.
[2] 徐媛. 数据说话：全球女性被性骚扰现状触目惊心！[EB/OL]. (2017-12-01) [2020-05-12]. https://www.sohu.com/a/207764941_115864.
[3] 百度百科. 新年龄阶段划分 [EB/OL]. (2022-02-27) [2022-03-27]. https://baike.baidu.com/item/新年龄分段/4231762? fr=aladdin.
[4] 杨伯淑. 全球化：起源、发展和影响 [M]. 北京：人民出版社，2002：139.

私保护依然是值得研究和关注的。

5.3.2 未婚独生子女及二线城市值得关注

1982年9月，我国将计划生育定位为基本国策，并于同年12月写入宪法，主要内容及目的是提倡晚婚、晚育、少生、优生，从而有计划地控制人口增长。伴随人口老龄化的加剧，2011年11月，我国实施全面双独二孩政策；2013年12月，开始实施单独二孩政策；2015年10月，实施全面二孩政策；2021年8月20日，国家提倡适龄婚育、优生优育，一对夫妻可以生育三个子女。从政策变迁可以看出，独生子女是时代的产物，也是我国乃至世界人类史上最为独特的一个群体，因此不可避免地对个人生命历程产生影响，并与婚姻状况、居住环境交互，对个人的思想观念产生影响。埃尔德（Elder）在《大萧条的孩子们》一书中对婚姻、家庭和社会变迁进行了分析。❶ 他认为，结婚的时机、婚姻的选择甚至成为母亲的时机，会影响女性的社会地位。单身女性有更多的自主性，如可以有更多时间接受高等教育、工作和享受自由旅行，这也是现代职业女性的基本生活形态，但在经济危机或者特殊事件面前，婚龄、婚姻伴侣的选择及伴侣在事业上的成就都会对家庭环境产生一定影响，并进一步影响人们的社会生活判断。在笔者看来，就隐私话题而言，婚姻的选择与社会信任密切相关。婚姻观念的变化、独生子女政策的取消，这背后都与中国的城镇化历程密切相关。我国的城镇化历程大概分为三个时期：①中华人民共和国成立到1978年改革开放前期，我国城镇化水平在10%左右；②改革开放到20世纪末，是我国城镇化加速发展阶段，城市化率上升到了36.22%；③21世纪以来是城市化快速发展阶段。第七次全国人口普查数据显示，截至2020年11月1日，我国城镇化率为63.89%。❷ 地域空间的变迁与文化习俗观念紧密相连，因此在对隐私管理的人口学变量进行分析时，笔者对调查对象的现居住地和少年时期居住地进行了询问。

为进一步探究影响隐私管理行为的社会性因素，进行模型建构，从多个维度考察生命周期、家庭周期和社会分层呈现出的差异和趋势，这些差异和趋势往往与个体的性别、年龄、学历、月收入、职业、独生子女与否、婚恋状态、

---

❶ 格伦·H. 埃尔德. 大萧条的孩子们 [M]. 田禾, 译. 南京：译林出版社, 2002.
❷ 国家统计局. 中国统计年鉴 [EB/OL]. （2022-01-25）[2022-02-03]. http://www.stats.gov.cn/tjsj/ndsj/.

居住状态、现居住地、少年居住地密切交织，并呈现综合的结果❶，因此在家庭周期模型建构中，笔者将隐私管理行为与独生子女与否、未婚和非未婚、现居住地进行交互和变化，并最终纳入家庭空间的分析。具体模型如图5.5所示。

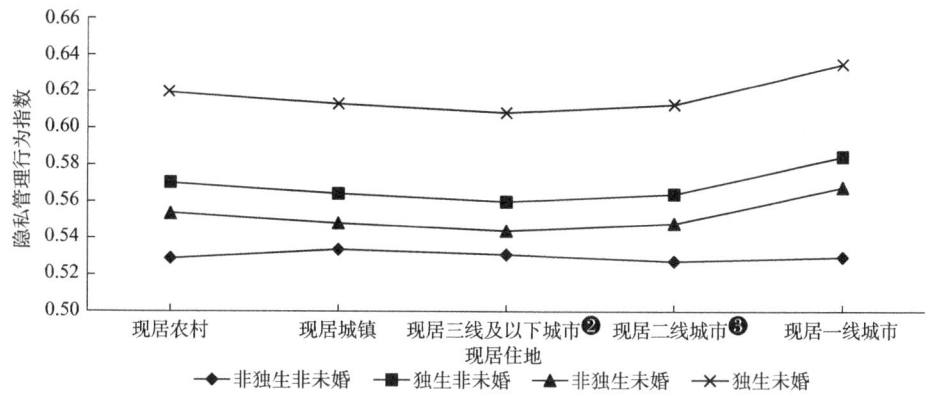

图 5.5　隐私管理行为与现居住地、未婚、独生子女的多元线性回归分析

从整体来看，主要结论有：

1）从婚姻和独生子女与否的状态来看，独生子女和未婚群体的隐私管理行为指数更高。

2）从现居住状态来看，居住在一线城市的隐私管理行为指数整体最高。

首先，对独生子女群体来说，他们是被呵护长大的一代。以居住空间为例，相较于非独生子女，他们有自己独立的个人空间。对于独生子女，父母与子女的平等对话成为可能，因此这一群体的思想自主性和边界感更强。其次，就婚姻状态来说，伴随未婚群体步入社会，其往往会选择搬离原生家庭单独居住，出于保护自身需要，隐私管理行为指数更高。最后，城市的发展与血缘、地缘的变化相关。如涂尔干所说，劳动分工与社会发展密切相关。现代社会是一种有机团结的模式。随着网络社会的到来，个人化（individualization）色彩突出，传统认为的个人网络上限被打破，在互联网空间里可以有网络化的家庭群体、网络化的工作群体、网络化的创作者群体等，个体因趣缘穿梭于不同群

---

❶ 李雪莲，刘德寰. 知沟谬误：社交网络中知识获取的结构性悖论［J］. 新闻与传播研究，2018，25（12）：17.

❷ 三线城市是根据城市建成区规模、城市人口数量、经济发展水平和国内生产总值等多个指标综合评估的具有战略意义、经济较发达、经济总量较大的大中城市。

❸ 在我国，二线城市往往是发展较为活跃的省会城市、东部地区的经济强市或经济较发达地区的区域性中心城市，这些城市的崛起与经济密切相关，并具有较强的流动性。

体,边界感成为维持群体的重要规范,往往表现为专家系统和符号体系。相比于机械团结下个体意识被削弱,有机团结是通过职能上的相互依赖而将个体连接起来的社会结合类型。❶ 这一点在现代都市更明显,因此现居一线城市的个体隐私管理行为指数最高。

当代的中国经历了城镇化的迅速发展,个体在空间上的迁移不可避免地会带来思想观念上的变化,这一切都是在全球化大背景下发生的。全球化进程中,跨国公司崛起,人们穿梭在不同的空间中,血缘、地缘的地位正在被趣缘所取代。基于上述结论,即未婚独生子女群体的隐私管理行为指数更高,将进一步分析现居住地和少年居住地对隐私管理行为的影响。在家庭周期模型建构中,将隐私管理行为与独生子女、未婚、现居住地、少年居住地进行交互和变化,并最终纳入家庭空间的分析。具体分析如表5.18和图5.6所示。

表5.18　隐私管理行为与现居住地、少年居住地、未婚、独生子女的多元线性回归分析

自变量	标准回归系数	显著性水平(sig)
性别	0.015	0.287
收入	0.010	0.186
学历	0.005	0.455
年龄	−0.001	0.119
独生子女	−0.068	<0.001
未婚	0.020	0.814
现居住地	−0.034	0.809
少年居住地	−0.048	0.743
现居住地平方	0.012	0.814
现居住地立方	−0.001	0.897
少年居住地平方	0.013	0.812
少年居住地立方	−0.002	0.756
未婚×少年居住地平方	−0.014	0.030
未婚×独生子女×现居住地	0.356	0.016
未婚×独生子女×现居住地平方	−0.130	0.021

---

❶ 马杰伟,张潇潇. 媒体现代:传播学与社会学的对话[M]. 上海:复旦大学出版社,2011.

续表

自变量	标准回归系数	显著性水平（sig）
未婚×独生子女×现居住地立方	0.014	0.030
未婚×独生子女×少年居住地	−0.328	0.017
未婚×独生子女×少年居住地平方	0.118	0.024
未婚×独生子女×少年居住地立方	−0.011	0.048
常量	3.877	<0.001

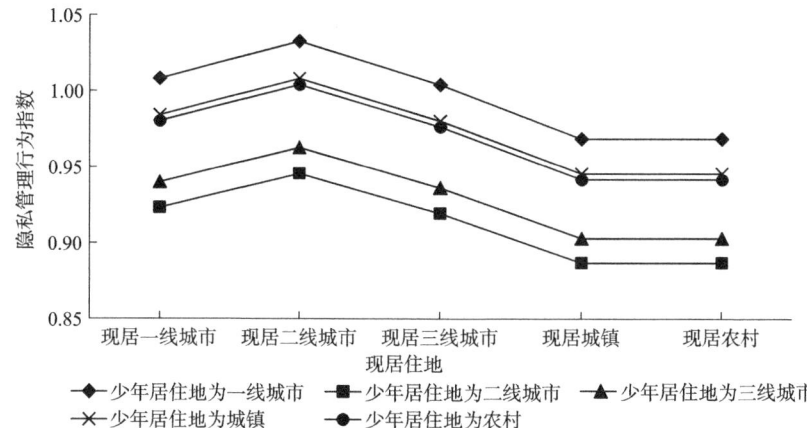

图 5.6　未婚独生子女群体的隐私管理行为与现居住地、
少年居住地的多元线性回归分析

从整体来看，主要结论有：

1）少年居住地为一线城市的未婚独生子女隐私管理行为指数最高。

2）从现居住状态来看，二线城市的未婚独生子女隐私管理行为指数最高。

首先，对于少年时期居住在一线城市的未婚独生子女来说，他们大多出生在中国城镇化加速发展时期，面对的是有机团结的现代社会，居住空间个人化，教育理念民主化，经济状况比较优越，这对他们自主性的培养具有重要作用，因此这一代人的隐私管理行为指数较高。其次，对于现居住状态来说，二线城市未婚独生子女隐私管理行为指数较高。伴随北京、上海、广州、深圳城市功能的转移及社会压力的增大，二线城市的人才吸引力度增大，越来越多的未婚独生子女选择到这些城市发展。

综合来看，由交互模型分析发现：①从婚姻和独生子女与否的状态来看，独生子女和未婚群体的隐私管理行为指数更高；②从现居住状态来看，居住在一线城市的隐私管理行为指数整体最高；③少年居住地为一线城市的未婚独生子女隐私管理行为指数最高；④从现居住状态来看，二线城市的未婚独生子女隐私管理行为指数最高。在家庭空间视角下，家庭生命周期一般以家庭发展过程为标准，这其中伴随家庭事件（家庭重组与解体）和家庭类型（子女情况）的变化。❶ 一方面，家庭具有情感性社会空间的特征，如婚姻状态与社会信任的关联，未婚群体的隐私管理行为指数更高就印证了这一观点。另一方面，观念的变化与家庭地域空间的变化密切相关，如本次研究中二线城市未婚独生子女的隐私管理行为指数较高，这不仅是从农业社会机械团结到现代社会有机团结的体现，更是我国社会政策对个体影响的缩影。需要注意的是，伴随现代社会单身、同居、离婚现象的增多，年龄与家庭生命周期的偏离程度会不断加大，"丁克"家庭的数量增多也会使得年龄与家庭生命周期的偏离程度加大❷，这也是对生命周期局限性的回应与印证。关于独生子女群体的研究，目前有两方面的取向，一是群体特征的研究，二是群体影响的研究。就隐私问题而言，这一群体的隐私管理行为指数更高，其背后的居住空间、教育理念、经济条件等因素是值得关注和进一步解读的。

5.3.3　高收入和高学历群体对隐私关注度更高

社会科学研究关注社会资本，其意义和重要性毋庸置疑。杨伯溆对经济资本、社会资本、文化资本、人力资本、创意资本等展开了分析❸，这些资本及其形态的发展变迁成为全球化发展重要的驱动因素，更是现代社会运行的核心力量。反映到社会生活中，这些资本往往体现了个人的社会经济地位。社会经济地位的测量往往通过收入、文化程度等变量展开，因此互联网与社会分层的研究进入人们的视野。社会分层理论最早是由德国的社会学家马克斯·韦伯提出的，他认为分层必须依据三个标准，财富作为经济标准，地位作为社会标准，权力作为政治标准，这三个分层尺度密切相关和相互联系，部分是重叠的，而且任何一个标准都可以转化成其余两个。❹ 因此，在人口学变量的统计中，笔者将受访者的职业纳入考察因素。以往的研究呈现出线性结论。例如，

---

❶ 刘德寰. 年龄论：社会空间中的社会时间[M]. 北京：中华工商联合出版社，2007：143.
❷ 同❶157.
❸ 杨伯溆. 社会进程中的资本：一种核心驱动力量[J]. 人民论坛，2019（14）：68-82.
❹ 杨伯溆. 因特网与社会：论网络对当代西方社会及国际传播的影响[M]. 武汉：华中科技大学出版社，2002：76.

卢家银立足于新冠肺炎疫情防控的应急非常法环境,对隐私保护行为的影响因素展开测量,发现家庭经济收入可以作为控制变量影响网民的隐私保护行为。❶ 但实际上,社会研究中单纯的线性因果呈现是极为少见的。刘德寰等通过对手机人的研究发现,社会经济地位高低与互联网使用优势并不存在必然联系,收入、学历、性别、年龄、职业等综合性因素成为网络社会分层的重要变量。❷ 这是因为在网络空间中,原有的一些分层有的无法看到,因此进行新的分层往往根据成员是否遵守社区中的规则和价值观,以及是否具备一定的经验和能力,而影响这种经验和能力的因素主要有两个,一是成员在网络上花费的时间,二是成员能否以大家接受的方式谈话。与此同时,伴随新媒体对空间的打破,不同群体穿梭于不同空间的现象更加普遍。

为进一步探究隐私管理行为的社会性因素,笔者进行模型建构,从多个维度考察生命周期、家庭周期和社会分层呈现出的差异和趋势,但这些差异和趋势往往是与个体的性别、年龄、学历、月收入、职业、独生子女与否、婚恋状态、居住状态、现居住地、少年居住地密切交织,并呈现综合的结果,因此模型建构中,笔者将隐私管理行为与职业类型、学历、月收入进行交互和变化,并最终纳入社会分层的分析。具体模型如图5.7和图5.8所示。

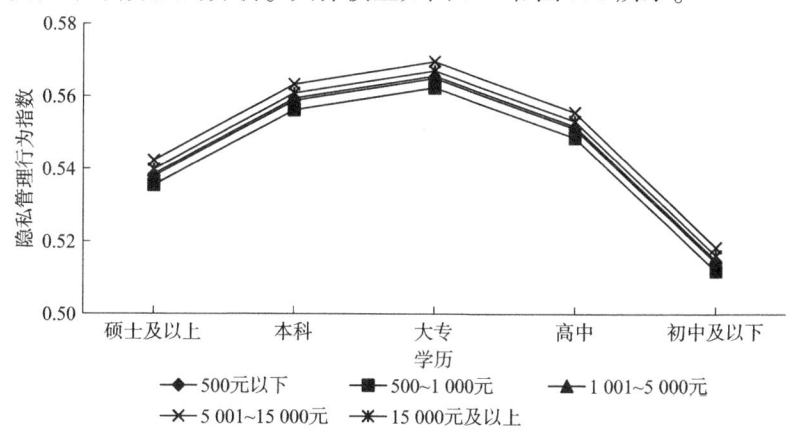

图 5.7 不同工作单位(如党政机关)群体隐私管理行为与
学历、收入的多元线性回归分析

---

❶ 卢家银. 非常法时期互联网用户的隐私保护行为研究 [J]. 国际新闻界, 2021, 43 (5): 65-85.
❷ 刘德寰, 傅杰, 崔凯. 没有极限的未来:手机人全面解构产业 [M]. 北京:机械工业出版社, 2014.

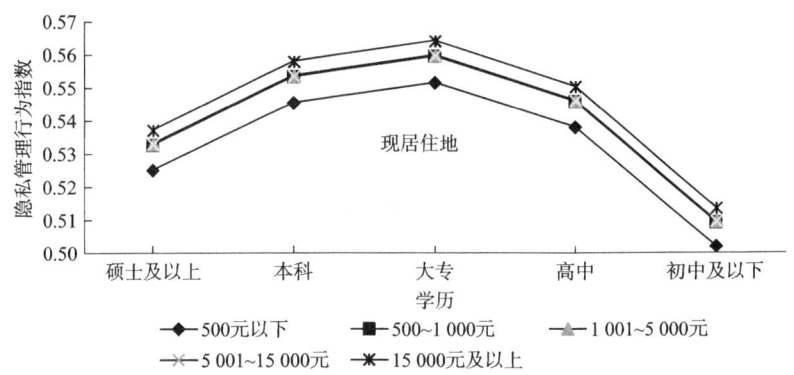

图 5.8　不同工作单位（如民营企业）群体隐私管理行为与
学历、收入的多元线性回归分析

从整体来看，主要结论有：
1）收入越高，隐私管理行为指数越高。
2）大专学历群体隐私管理行为指数最高。

首先，从收入来看，对于不同工作单位性质（如党政机关）的个体来说，月收入在 15 000 元及以上群体的隐私管理行为指数最高，月收入在 500 元及以下的群体隐私管理行为指数最低。其次，收入水平是影响隐私价值认可的重要变量。对于不同工作单位性质（如民营企业）的个体来说，月收入在 5 001~15 000 元的群体隐私管理行为指数最高，月收入在 500~1 000 元的群体隐私管理行为指数最低。最后，从学历来看，不同学历群体的隐私管理行为指数是不一样的，从初中及以下到大专呈现上升的趋势，从大专到本科、硕士及以上略有下降，这与我国网民学历层次分布有一定关系。第 48 次《中国互联网络发展状况统计报告》显示，我国网民中初中学历占比最大，高达 40.5%；高中/中专/技校学历占比为 21.5%，小学及以下学历占比为 19.2%，而大学专科、大学本科及以上占比分别为 10.0%、8.8%。本次调查的样本中，初中及以下、高中/中专/技校、大学专科、大学本科、硕士及以上学历分别占 8.9%、19.8%、22.0%、44.3%、5.0%，整体呈现倒 U 形，初中及以下学历网民的隐私管理技能亟需提升。

综合来看，收入和学历分别代表经济资本和文化资本。现代社会进程中，经济资本是以资本的形式衡量风险的，更具体地说，这是一家企业（通常是金融服务企业）需要确保其在风险状况下保持偿付能力的资本量。通常经济资本由公司内部计算，有时使用专有模型。❶ 文化资本可以是知识的类型、技能、教育程度等，帮助个体在社会上获得较高的优势和期许，获得社会认可。也就是说，不管工作单位性质如何，高收入和高学历群体的隐私管理行为指数更高，也就是说，这些群体更在乎自己的隐私。因此，数字时代对隐私数据的处理必须考察不同群体的差异性，数据的分级分类也就具备了现实意义。

5.4 小　　结

在明确了隐私观念后，结合文献和大数据分析结果对量表内容进行更新调整，进一步调查观念背后行为的影响因素，并提出相应的研究问题，即网民隐私管理行为及其影响因素是什么。

在模型影响因素层面，分为两个层面展开解读。第一层面的解读侧重于模型的验证。在对问卷进行描述性统计、效度和信度检验分析之后，对五个层面的假设进行验证与分析。

1）在隐私特性与隐私管理行为的假设中，隐私关注、隐私经历、隐私价值正向影响网民的隐私管理行为，隐私疲劳负向影响网民的隐私管理行为，隐私监视和隐私管理行为之间关系不显著。具体来看，隐私关注层面，网民个体对隐私数据的收集、控制和安全性感知正向影响隐私管理行为；隐私经历层面，在网络世界有着隐私被侵犯经历的人会更加在意隐私，并进一步调整自身的隐私管理行为；隐私价值层面，用户往往会对隐私价值作出衡量，从而对自身的隐私进行管理；隐私疲劳层面，面对平台和用户的不对等关系，"数字辞职"成为普遍现象，网民对隐私管理采取消极的态度；隐私监视层面，数字监控正在成为一种生态，因此相比其他更具有个体性的因素，对隐私管理行为的影响不突出。

2）在信息环境与隐私管理行为的假设中，人际环境、契约环境正向影响网民的隐私管理行为，舆论环境负向影响网民的隐私管理行为，技术环境与隐私管理行为之间关系不显著。具体来看，人际环境层面，不管是作为初级群体的家人还是作为次级群体的朋友、同事，对个体的社会化都产生重要影响，因

---

❶ Economic Capital（EC）[EB/OL].（2020-11-25）[2021-01-15]. https://www.investopedia.com/terms/e/economic-capital.asp#:~:text=Key%20Takeaways%201%20Economic%20capital%20is%20the%20amount,regulatory%20capital%2028also%20known%20as%20a%20capital%20requirement%29.

此家人、朋友和同事对个体的隐私管理行为具有重要影响；契约环境层面，网络社会的参与主体是多元的，政府、网民、企业、行业纷纷参与其中，对应的法律、政策、协议、行业倡导就是契约的体现，契约可以促进对话的可持续性，提高网民的安全感❶，因此契约规则的商讨正向影响网民的隐私管理行为；舆论环境层面，第三人效果假说和媒体报道叙事的选取影响了网民对媒体的信任，因此对网民行为的影响能力在削弱；技术环境层面，当下的技术环境与政府治理正处于博弈状态，因此本书尚未明确得出技术环境对网民隐私管理的影响。

3) 在个人特质与隐私管理行为的假设中，自我效能和隐私管理行为之间关系不显著，网络素养正向影响网民的隐私管理行为。具体来看，自我效能层面，在当下的网络社会治理主体中，网民处于被动的地位，"知情-同意"形同虚设，因此对个体的隐私管理行为没有产生实质影响；网络素养层面，个体的隐私保护意识、网络空间安全的感知等正在加强，因此网络素养正向影响网民的隐私管理行为。

4) 在个人特质与隐私特性中，自我效能、网络素养正向影响隐私关注，自我效能、网络素养负向影响隐私疲劳。这一结果进一步印证，在平台社会，对于个人来讲，需要在传统媒介素养、网络素养教育的基础上有意识地培养隐私素养，当下首席数据官、首席隐私官的提出对预防和制止平台经济领域垄断行为及个体自主性的发挥都具有重要意义。

5) 在人口因素与隐私特性中，高学历群体更在乎隐私价值，性别、收入和隐私价值感知关系不显著。因此，单一的线性分析中，只有学历因素具有显著性。基于此，形成了本书的研究假设模型（图5.3）。

这一层面的研究启示如下：

1) 隐私价值需要在数字时代重新评估，这涉及权利让渡的问题，如有的人为了便利让渡隐私，也有人花费金钱、时间和精力保护隐私，对应到法学上是人格权和财产权的博弈，而在数据作为生产要素的当下，隐私数据更是其重要构成，因此探索一套适应数字时代隐私价值发挥的体系就变得非常重要。

2) 隐私疲劳反映的是平台社会下的垄断问题，虽然我国出台了《关于平

---

❶ CARDON P W, MA H, FLEISCHMANN C. Recorded business meetings and AI algorithmic tools: negotiating privacy concerns, psychological safety, and control [J]. International Journal of Business Communication, 2023, 60 (4): 1095-1122.

台经济领域的反垄断指南》（国反垄发〔2021〕1号），并对一些互联网巨头开出巨额罚单，但本质上网民与平台的不对等问题依然未得到解决，这就导致持续产生"数字辞职"和隐私漠视。

3）舆论环境中的媒体报道叙事是值得关注的。单一的负面报道或者正面报道对个体行为并不会产生影响，作为拟态环境的营造者，媒体的隐私报道叙事和框架分析是值得新闻传播领域的研究者关注的。

4）隐私素养的建构和培养是值得关注的。传统的研究更多的是媒介素养、网络素养，隐私或者说信息隐私是数字时代网民面临的普遍问题，目前相关政府部门和企事业单位正在尝试进行职业上的探索，如首席数据官、首席隐私官等职业的提出，这些职业的发展脉络是值得长期关注的。

5）当数字追踪和监视成为一种常态时，隐私保护的重要性更加突出，否则搭建的社会治理框架将是无源之水、无本之木。

这部分的解读侧重于隐私管理行为与人口学因素的多元交互，将个体的年龄、性别、收入、工作单位性质、文化程度、现居住地、少年居住地等变量进行了交互和变换，将它们构造出的复杂的社会空间形式纳入分析，研究发现：

1）在生命周期层面，女性的隐私管理行为指数高于男性；女性步入中年后隐私管理行为指数有所降低；男性随年龄增长隐私管理行为指数降低，但整体比较平缓。

2）在家庭周期层面，从婚姻和独生子女与否的状态来看，独生子女和未婚群体的隐私管理行为指数更高；从现居住状态来看，居住在一线城市的隐私管理行为指数整体最高；少年居住地为一线城市的未婚独生子女隐私管理指数最高；从现居住状态来看，二线城市的未婚独生子女隐私管理行为指数最高。

3）在社会周期层面，整体表现为收入越高，隐私管理行为指数越高；大专学历的群体隐私管理行为指数最高。

多元回归模型的建构对于深入追踪隐私问题的社会性具有重要意义，有三方面的启示值得关注：

1）45岁成女性隐私管理行为指数转折点。

2）未婚独生子女及二线城市值得关注。

3）高收入和高学历群体对隐私关注度更高。

综合来看，本章通过结构方程模型建构和多元回归分析，分析了网民和隐私管理行为之间的关系及其影响因素，人口学变量、个人特质、隐私特性、信息环境在某些方面影响个体的行为，并贯穿于网民与平台、政府部门、行业等主体的互动中，因此下文基于不同主体的访谈对于构建数字时代的隐私保护模型就具备了实践价值。

第6章 隐私边界：多元利益相关主体的平衡

本书是在网络社会治理视角下展开的，数字时代，协同视角成为主流，而从理论发展脉络来看，随着网络化个人主义的到来，个人自主性增大，在明确了隐私观念和隐私管理影响因素的基础上，本章试图从隐私自主角度探讨数字时代的隐私保护。

基于前文对隐私自主的解释，结合第4章和第5章的分析结果，首先需要对"自主"进行深入阐释。美国和欧洲都有对隐私"自治"的研究，目的是使个人免受他人的操纵或控制，但其涉及的主体相对单一，在多元主体参与网络环境的前提下，"自主"显得更加合适。温纳（Winner）在《自主性技术：作为政治思想主题的失控技术》中对"自主"进行了详细的说明，他认为，"自主性"本质上是一个将自由和控制结合在一起的政治概念或道德概念。自主是指自治、独立，不为外部法则或力量所支配。以技术自主为例，它可以掌控自身的进程、速度和目的，人类想达到的理性目的远远没有控制它，在这种语境下，自主性就具备了表现力。伴随资本主义的进一步发展，马克思提出了警惕技术异化的观点。在马克思看来，只有克服劳动的异化，人类才能成为自由的、生产性的社会存在，因此不能孤立地思考劳动的异化及大规模的工业机制的出现，而要联系历史性的阶级斗争、工业经济中的剩余价值、资本积累及资产阶级的社会和政治统治。❶

---

❶ 兰登·温纳. 自主性技术：作为政治思想主题的失控技术［M］. 杨海燕，译. 北京：北京大学出版社，2014：47.

因此，在今天的技术极化❶和反垄断调查背景的前提下，需要重新思考技术在治理中的角色。技术作为管理的手段，有效地支配着所有形式的现代思想和活动，但技术的结构、过程和变化进入人类意识、社会及政治的结构、过程和变化之中，成为它们的一部分。对于隐私问题而言，自主性发挥作用需要不同主体的协调。要想让隐私自主真正实现并发挥作用，就需要平衡环境、个体、平台、技术、政策、行业等不同主体的相关利益，否则隐私保护终究是不平衡的，是不可能实现的。本章对网络社会治理中的相关参与主体进行了访谈，并试图归纳出对应主体的功能角色，像帕森斯（Talccot Parions）在《社会行动的结构》中描述的那样，寻求数字时代隐私自主的结构角色，并进一步探讨隐私保护的归途❷，因为在笔者看来，不管是传统意义上人们倡导的独立自主，还是新自由主义的自主，都建立在不同主体各司其职的基础上，为自主问题提供生态支撑。本章内容基于笔者所做的深度访谈、网络参与式观察和参加的学术沙龙交流对话等撰写。

6.1 环境：媒体叙事和网络氛围

6.1.1 媒体叙事有待丰富

对于当前的媒体报道，有采访对象表示，"人肉"搜索（9号）❸、电信诈骗（10号）、手机APP收集个人隐私进行商业推送和营销、网络暴力公开他人隐私等（6号）等议题是网民认为媒体报道比较多的。但根据问卷调查的数据分析，媒体报道与隐私管理行为不相关，这背后与两种因素有关：一是根据笔者长期的网络参与式观察和本书第4章中对于网络数据的抓取，发现当下的媒体报道更多地侧重从隐私泄露负面影响的角度展开叙事。1983年戴维森（Phillips W. Davison）提出"第三人效果"假说，认为当人们评估来自大众传媒的负面信息时，通常会产生偏见，认为负面信息对他人态度与行为的影响要高于自己，因此就忽略了自身的隐私管理行为调整。二是目前的媒体报道，整

---

❶ 布雷默. 技术极化时刻：数字巨头如何重塑全球秩序［EB/OL］.（2021-12-09）［2022-03-06］. https://www.sohu.com/a/502079643_232950.
❷ 塔尔科特·帕森斯. 社会行动的结构［M］. 张明德, 译. 南京：译林出版社, 2012.
❸ 此处为受访者编号，下同。

体数量、形式尚不够丰富多元。李普曼（Lippmann）在《公众舆论》一书中认为，日常生活中存在两种环境，一是反映现实世界的客观环境，二是经过专业媒体把关、加工和报道宣传的"拟态环境"。❶ 媒体报道的形式和内容直接影响行动者的认知。当下媒体对于隐私话题的"议程设置"较少❷，一定程度上影响了网民的媒介接触选择。但是伴随受众媒介素养的提升、商业社会的成熟，人们对新闻报道会诉诸感性和理性。在传媒环境方面，目前叙事单一，新闻报道、影视作品、纪录片等多种呈现手段欠缺。7号受访者表示，"《黑镜》等谈到的技术伦理与人性的影视作品影响了我对隐私的认识。"

6.1.2 网络氛围影响表达方式

隐私与言论自由一直是国外新闻传播领域研究的热点，这可以从欧美隐私立法的渊源找到启示。美国则将其视为"对抗国家的一种自由价值"。整体来看，美国隐私保护的位阶是让位于言论自由的，因此美国的隐私保护侧重基于语境展开，即个体的"合理隐私期待"需要平衡社会长期发展利益。❸ 这背后的含义是沉默行为、言论自由与隐私保护之间的博弈，尽管这种情况大多不被注意，但国外审查机构偶尔会在各种情况下表现出来。有学者基于沉默行为的研究确定了四层审查暴露级别并调查了不同层次的审查暴露如何影响用户的意见表达。结果表明，当全球环境中的审查制度密集时，人们倾向于保持沉默，而当人们自己经历审查制度或目睹审查制度发生在朋友或参考人身上时，他们倾向于通过发表意见来反抗审查制度。此外还发现，社群为网民自由表达提供了空间。❹ 也就是说，过于严苛的审查环境不仅会带来网民的沉默行为，更会让人们产生隐私无力感，最终停止发言。

这一现象与背后的监控密不可分。网络化为数字化发展带来空间，数字化让内容的生产、加工、复制、整合和广泛传播变得很容易，意味着只要有权限

---

❶ 沃尔特·李普曼. 公众舆论 [M]. 阎克文，江红，译. 上海：上海人民出版社，2002.
❷ 吴瑛. 中国话语的议程设置效果研究——以中国外交部新闻发言人为例 [J]. 世界经济与政治，2011（2）：16-39，156-157.
❸ 刘利平. 大数据时代个人信息被遗忘权法理辨析——基于欧美隐私自主与言论自由博弈视角 [J]. 西北民族大学学报（哲学社会科学版），2019（1）：58-67.
❹ ZHU Y, FU K. Speaking up or staying silent? Examining the influences of censorship and behavioral contagion on opinion (non-) expression in China [J]. New Media & Society, 2021, 23 (12), 3634-3655.

或者掌握一定技巧,任何人都可以随时随地添加和修改网络数字化资料❶,人人都可以成为传播者。从影响来看,则是新媒介环境下,传播特征出现了新变化,传播方式综合交互(人机、超文本、个性化),传播范围更加广泛,时效性更加突出,传播产品革新等都是其特征。信息急剧增长、信息使用出现分化、信息种类更多、信息流动加速、寻找相关信息更便利、信息和通信交互融合等构成网络社会的媒介生态。例如,人们倾向于将从大众传媒或者社交媒体中获取的信息首先和家人朋友讨论。❷ 这是因为当网络化个人遇到信息过载的问题时,真相表达面临冲击,平衡信息源的能力成为关键。网络化的个人会使用一些技巧和策略来管理在线或离线可获取的数字信息,同时充分利用从机构或人际交往中获取的信息,帮助自己进行日常决策判断。值得警惕的是,在网络空间中,除了一般信息和新闻之外,数字世界的许多内容都是网民创造的,如地理位置、健康状况、婚姻状况、工作单位、联系方式和其他细节等敏感信息。一方面,这些信息有利于建立信任,让在线互动变得更有效率;另一方面,这会影响人们的隐私。互联网环境中,网络化信息的增多推动了监控(veillance)和监测(monitoring)的发展,具体表现为三种形式:一是对等的相互监视(coveillance),如在QQ空间中或者朋友圈中的"潜水"(creeping)行为或者脸书的"盯梢"(stalking);二是普通人对传统权威的自下而上的监督(sousveillance),强调监督权力阶层,其结果就是监控者也可以被监控,如自媒体账号对政要人物历史的揭发、通过短视频对其私生活的曝光等;三是在自上而下的监管层面,大数据的发展,特别是社交媒体的使用,为政府和组织的监控提供了新手段。通过监测社交媒体话语,政府能够系统整理出网络时代舆论管理、监控民众行为和行动的新方式。此外,公共场所的摄像头是社会治理的工具,更是非常典型的监管手段。伴随自上而下的监管、相互监督和自下而上的监督增多,背后折射出网络时代政府、行业组织、企业和个人拥有更多的力量来监督彼此,隐私问题日益凸显。伴随隐私观念的提升,用户试图用隐私系统管理他们的网络身份❸,从而寻找隐私保护的路径。例如,5号受访者表示,"会不定期清除网络记录,尽可能在社交媒体不活跃,较少发言评论,

---

❶ 李·雷尼,巴里·威尔曼. 超越孤独:移动互联时代的生存之道[M]. 杨伯溆,高崇,等,译. 北京:中国传媒大学出版社,2015:186.
❷ 同❶192.
❸ 同❶200.

因为审查环境，害怕自己说错话被'人肉'。"8号受访者提到，"经常暴露在公众视野中的群体，如官员、明星，注重个人形象的群体，如主持人、教师、警察等，会更在乎隐私。"

6.2 个体：隐私素养的自觉

6.2.1 平台社会作为生态

多名受访者在访谈时表示，"我们需要警惕算法对我们的隐私自主的威胁"。编程课的火爆或许是有原因的，不仅是因为劳伦斯宣称的代码即法律，还有埃里克·休斯（Eric Hughes）在他的《密码朋克宣言》中所说的，"个人隐私对于互联网时代的社会至关重要，数字时代是不能指望政府、公司或其他行业组织给予我们隐私保护的，但是一定会有人编写软件来保护隐私，那么我们要做把代码写下来的人。"平台社会下，自动化的信息生产成为主流，意味着数字社会的隐私素养培养需要密切关注平台社会的特点，正如《连接：社交媒体批评史》一书所描述的，"将平台视为技术文化建构，需要密切切分技术、用户自主性和内容；将平台视为社会经济结构，需要仔细审查所有权状况、管理和行业模式。"从用户自主性来看，在社交媒体的背景下，用户自主性是一个复杂而多面的概念，尤其是因为它包含有意识的人类活动和"技术无意识"。❶ 此外，用户是文化的接受者和消费者、生产者和参与者，他们可能是业余爱好者、公民、专业人士和劳动者。在线社交日益成为人与机器的共同产物，将用户自主性看作一种技术文化建构进行分析，需要在内隐性和外显性用户参与之间进行概念区分。内隐性参与是通过编码机制在工程师的设计中实现的，外显性是指实际用户与社交媒体互动。"外显性用户"可由多种方式体现，可以是人口统计学层面，可以是实验对象，还可以是民族志研究对象。❷ 也就是说，用户和平台的关系是平台社会解决隐私问题必须面对的。

---

❶ 需要说明的是，算法、协议和默认设置深刻塑造了活跃在社交媒体上的人文化体验，尽管用户往往的确没有充分意识到他们的交流实践所依据的机制，但并不是技术的受骗者，也不是不加批判的采用者。

❷ 何塞·范·迪克. 连接：社交媒体批评史［M］. 晏青，陈光凤，译. 北京：中国人民大学出版社，2021：25，35，36.

6.2.2　隐私素养框架搭建

网络素养对隐私管理行为具有显著影响。爱泼斯坦（Epstein）在研究中指出，隐私素养的培养是隐私保护的重要维度，当转化为隐私保护行为时，隐私素养鸿沟可以放大二级和三级数字鸿沟的各个方面。❶"通过数字认识自我"已经成为数字时代量化自我（quantified self）的座右铭。个体通过数字追踪技术积极地记录着自己的体重、卡路里摄入、健康状况、睡眠状况、金融和财务状况等方面的数据。可以说，隐私素养是未来数字鸿沟问题研究的重要方向。以脸书为例，其不仅可以追踪非用户的网络浏览习惯，还通过挖掘个体的"点赞"行为预测用户性格，将深度挖掘的数据用于商业分析或政治大选，从而达到影响网络舆论的目的。这也再次证明，个人的数字分享让个人信息变成商品，通过这种商品，用户往往无意识地暴露于广告逻辑中。正如《卫报》所说，"平台耕作个体数据"（they are 'farming' our data）。❷ 这背后与个人的数字素养密不可分。大众传播时代强调媒介素养，在信息社会、数据时代，信息素养、数据素养相伴而生，这些都与网络使用能力或者说信息通信技术效能密不可分，并受到政治、经济、文化、社会等多重因素影响。如果"数字鸿沟"问题得不到解决，势必带来技术普及的不公平性，最终的结果是少数人通过平台实现便利，大多数人在网络世界"裸奔"。例如，10 号受访者表示，"大数据从某种程度上加剧了我们个人隐私的泄露，使我们个人的信息赤裸裸地暴露在别人面前。可以说大数据时代无隐私，一个人只要在一个软件上暴露过自己的爱好，别人从其他任何地方都可以了解到。比如，在'淘宝'上搜一个东西，其他软件也会有相关的推送；留下一个电话号码，就会有各种商业广告等接踵而至。"在默认隐私透明的前提下，很多受访者表示会通过设置密码保护自己的隐私。8 号受访者认为，"大数据环境是趋势，隐私信息被采集也成为必然。在这种情况下，公众更应该认识大数据，保证个人隐私不被泄露。有关部门也应该加大对用户数据的保护力度，加强对用户隐私的保密强度。"

---

❶ EPSTEIN D，QUINN K. Markers of online privacy marginalization：empirical examination of socioeconomic disparities in social media privacy attitudes，literacy，and behavior [J]. Social Media + Society，2020，6（2）：2056305120916853.

❷ IOSIFIDIS P，ANDREWS L. Regulating the internet intermediaries in a post–truth world：beyond media policy？[J]. International Communication Gazette，2019，82（4）：174804851982859.

6.3 平台：人文关怀的融入

6.3.1 空间界限打破，隐私让渡增多

新媒体的到来在一定程度上打破了传统意义上公共领域与私人领域的界限，界限的消失意味着社会透明度的增加，个体的全部生活从广义上讲处于一种暴露和透明的状态。一方面，这意味着个体的隐私空间会受到影响，社交媒体的双向传播进一步丰富了解构的内容，碎片化特征凸显，舆论反转处处可见，进一步加速了后真相社会的到来。另一方面，人们失去了真正意义上的社交活动。外部层面，媒介制造更多的社会属性，如人们可以用手机处理政务、工作、和朋友聊天、消费；内部层面，新媒体正在打破传统的社会空间，人们逐渐习惯于在互联网环境中沟通。真正社交的消失还体现在，人的所有关系，除了和政府部门、社会服务机构的交往以外，便是和机器交流，即人与人的关系正在被人与物的交流所替代。❶ 符号化的互联网为消费社会的繁荣奠定了必要条件，其表现是借助算法对个体符号进行操作化，主要体现在兴趣、风格、地域、职业、收入等画像上。这是新型社会操作系统的重要特征，平台由于经济利益的驱动，不断挖掘消费者的个人隐私，从而更有针对性地在最大范围内获取消费者的注意力。需要注意的是，伴随人工智能技术的深度发展，隐私侵犯将更加隐蔽，声音合成、深度伪造技术结合衣着打扮、声音语调、仪态姿势、手势动作等正在加速网络欺骗。以上的共同结果是通过不断的数字化，人机不分将成为现实，隐私让渡界限将不明确，同时对传统的社会结构带来影响。

社会科学研究者关注社会空间，社会空间往往由公共空间、私人空间和个人空间构成❷，新媒体的到来打破了空间的界限，让很多新事物的出现成为可能，诸如网络化的家庭、网络化的工作、网络化的群组和网络化的关系，但需要警惕的是，时空的增多意味着隐私让渡的增多。例如，网络化工作通常具有开放和社区成员多样性等特征，数字平台在其中扮演重要角色。加入某一网络社区，需要进行个人信息注册，"告知-同意"原则在个人与平台力量不匹配

---

❶ 杨伯溆. 因特网与社会：论网络对当代西方社会及国际传播的影响 [M]. 武汉：华中科技大学出版社，2002：18.

❷ 杨伯溆. 新媒体和社会空间 [J]. 青年记者，2008（16）：17-18.

的前提下只能以个人的妥协为代价,这意味着个人在使用互联网平台时正在面临"同意原则"失灵,其结果是用户被动让渡个人信息到平台。❶ 深度参与意味着需要填写更多的个人隐私信息,其结果就是数字平台拥有越来越多的数据,隐私权主体边界逐渐模糊。这表明了资本大数据的力量对个人空间的侵犯,其结果是隐私曝光对个人权益造成损害,个体的"社会性死亡"偶有出现。这与平台公司的垄断密不可分。为预防和制止平台经济领域垄断进一步发展,引导平台经济领域经营者依法合规经营,促进线上经济持续健康发展,2021年2月国务院反垄断委员会印发了《关于平台经济领域的反垄断指南》,但在网络社会中,整体应对技术风险都存在一定的滞后性,这是因为平台公司除了传统的规模效应大之外,新的平台公司还有网络效应和数据智能这两种能力。在享受平台便利之时,个体成为互联网平台争夺用户注意力的重要对象,不仅知情同意权利被掠夺,而且匿名化技术在算法的加持下可以整合出完整的用户画像。因此,个人隐私保护的落地关键还在于走出"告知-同意"的困境,最终网民的隐私数据分属于不同的利益群体。

6.3.2 数字追踪加剧,监控成为常态

平台公司的数据变现一定程度上依托根据用户个人信息进行个性化推送,促使一部分作为隐私的个人数据交易价值的实现。被更多人诟病的则是对员工的监控正在成为互联网公司的常态。数据驱动的技术已经渗透到商业生活的几乎每个方面,扩展到员工监控和算法管理。数据化时代如何保护员工隐私?笔者分析了一些法律和技术解决方案的潜力和缺点,以展示基于人权的方法在解决企业责任以尊重隐私和加强人类能动性方面的优势。基于这一理念,有研究者开发了一个面向流程的隐私尽职调查模型,以补充大数据监控时代保护员工隐私的现有框架。❷ 科技巨头的反垄断调查正在愈演愈烈,这与平台公司和个人权益不对等密切相关。如在2021年年初,有网友称某互联网公司为员工安设了智能坐垫,表面上是监测员工健康数据,实质上监测员工何时离开自己的

---

❶ 田新玲,黄芝晓."公共数据开放"与"个人隐私保护"的悖论[J]. 新闻大学, 2014 (6): 7.
❷ EBERT I, WILDHABER I, ADAMS-PRASSL J. Big data in the workplace: privacy due diligence as a human rights-based approach to employee privacy protection [J]. Big Data & Society, 2021, 8 (1): 20539517211013051.

工位,还有其他的一举一动,都被人力资源部门监控。❶ 可以说,办公室的监控摄像头、电脑的监测软件、手机应用的数据追踪都是数字时代监控员工的手段。新技术的应用可能为员工、团队和组织提供许多新机会。然而,这些新兴的人工智能工具引发了与隐私、心理安全和控制相关的各种问题。卡登(Cardon)等基于对 50 名美国、中国和德国员工的深入访谈,确定了与记录会议的算法分析相关的五个关键因素:员工对数据的控制、隐私与透明度、心理安全性、学习与评估、对人工智能的信任与对人的信任。更广泛地说,这些因素反映了为组织决策和指导方针提供信息的两个方面:安全与风险及员工控制与管理控制。基于这些维度的象限配置,提出以下管理算法应用程序的方法:监视、精英管理和社会契约方法。这种社会契约的理念被认为是数字时代平衡平台公司和员工关系的重要尝试。然而在访谈中,有过互联网公司实习经验的 26 号受访者表示,"工时透明度的要求越来越成为'好'工作的定义标准,如果处处都是可量化的监视,其实内心是非常没有安全感的,大脑会经常处于紧绷的状态。"目前我国在企业员工隐私保护方面法律法规较为欠缺,已有的员工和公司的隐私判例显示,企业利用软件监控员工电脑属于自我管理行为,并不构成侵犯员工隐私权。❷ 具体的理由如下:一审法院认为,隐私权是一种不被他人非法侵扰、知悉、收集、利用和公开的一种人格权,它指自然人享有的私人生活安宁与私人信息秘密依法受到保护。从隐私权的构成要件来看,侵害隐私权必须具备主观上具有过错、实施了不法行为、存在损害事实、不法行为与损害事实之间存在因果关系四个构成要件。一审法院认为,劳动者必须遵守职业道德,自觉地遵守劳动纪律。员工在工作期间应该忠于职守,使用办公电脑完成其应该承担的工作。公司在其所有的办公电脑上安装电脑监控软件属于企业的自我管理行为,属于合法行为。这引发了舆论的讨论,即"打工人到底配有隐私吗?"这是数字时代维护员工权益、平衡企业和劳动者矛盾必须面对的问题。

---

❶ 贺树龙. 被公司监控的互联网人 [EB/OL]. (2021-11-27) [2022-01-08]. https://mp.weixin.qq.com/s/DQ7sRVl81GJM4rNi4vio3A.

❷ 网络法实务圈. 员工行为监测纠纷案例:企业利用软件监控员工电脑属于自我管理行为,不侵犯员工隐私权 [EB/OL]. (2022-02-23) [2022-04-20]. https://mp.weixin.qq.com/s/mQUT0RnSwUwX3z7tvFdHuA.

6.4 技术：社会效应的追踪

6.4.1 技术发展带来隐私权的变化

社会媒体的实践大大影响了强化隐私保护和数据控制等拥有法律价值的社会和文化规范，如"分享"的社会意义往往与"隐私"法律术语背道而驰，备受争议的"点赞"按钮背后的原则是要连接人、事和想法，这个功能可以让用户表达他们对特定想法或项目的赞同并分享出去，因此隐私的标准是不断变化的。在提及隐私的发展变迁时，11号受访者说："自动化信息生产正在影响我们的信息生态，包括辅助性的数据分析（算法匹配）等，以及未来的物联网时代行为数据分析。对于隐私而言，空间性的隐私、物理的隐私正在消逝，这意味着隐私的概念会发生变化，我们要重新适应和改变。个人隐私我们要有，但在网络中如聊天等行为会被传递和记录。因此，需要建立一些新的标准和规范：一是关注信息传播过程及所处的社会网络环境，如群内的关系结构如何影响信息传播；二是监督平台和物联网在收集信息时是否执行了个人信息保护的相关规范。对于大数据画像的分析，要按照当前的个人信息保护法去做。个性化和非个性化的切换，我们要重新思考。我们要进一步关注消费者福利，关注网民的观念，深入理解，从而进一步调试法律标准，让其更好地保护网民隐私。"

6.4.2 技术正负效应同时存在

技术可以摧毁隐私，也可以保护隐私。隐私观念的提升、数据交易的发展，让隐私计算及相关技术走进更多人的视野。对于它的核心价值，蓝象智联（杭州）科技有限公司创始人童玲在数据要素市场发展研讨会上指出，"我认为隐私计算应该是整个金融数据新基建的基本技术。很多政策文件虽然没有直接提到隐私计算这一术语，但提到了怎么在保护数据安全和隐私的情况下促进数据的开放、共享和流通。如果我们今天既要保护用户隐私，又要让更多的用户数据能够共享流通起来，那唯一的技术解决方案，也是行业共识，就是隐私计算技术，这是金融数据保护最核心的技术。"有研究者总结了隐私保护设计的原则，主要有主动而非被动、默认隐私、隐私嵌入设计、功能完整、数据生命周期、可见和透明、以用户为中心。❶ 14 号受访者表示,"联邦学习（federated learning）本是作为一种技术方案出现的,它可以让各方在不披露原始数据的情况下达到共建模型的目的,也就是说,在不违反数据隐私保护和相关数据法规的前提下连接多个数据孤岛,建立性能良好的共有模型。联邦学习落地,首先要考虑的一点是怎么说服客户认可联邦学习框架不会出现隐私泄露,万一出现了隐私泄露怎么办？"熊丙万教授在数据要素市场发展研讨会上表示,"对于数据交易本身,大家没有动力交易核心数据,但是都倾向于利用数据进行服务,所以开放接口、隐私计算等途径是未来的趋势。"需要注意的是,目前这些技术的应用场景和实践是比较少的,还需要不断结合行业规范技术。2 号受访者表示,"在社交媒体语境下,隐私计算受到三方面影响,包括不同的社交媒体使用动机、不同的社交对象和用户所处的社会环境。"因此,技术与社会的互动是技术推广普及必须经历的阶段。

在 24 号受访者看来,"连接与匿名是风险与机遇同在的,比如一些人利用暗网进行隐私数据的贩卖。但暗网也有好处,如有暗网研究者就指出,一定程度上通过暗网可以保护隐私权,可以对机密文件进行共享,规避有针对性的监视,保护自己不被打击报复,但确实其负面影响是计算机犯罪、色情和盗版信息的传播。更进一步地说,网民的需求推动隐私保护技术的发展。用户对网络隐私保护的需求推动了匿名通信系统的发展,而匿名网络对用户身份及服务供应商地址的隐藏和保护使得暗网网络中的非法分子利用匿名通信系统架设了需要通过特殊权限才可访问的非法交易平台,进行毒品、枪械、色情信息等非法产品的买卖和其他一系列非法活动。在这一过程中,洋葱路由（Tor）作为最受用户青睐的匿名通信系统之一,与暗网及暗网中的犯罪活动紧密地联系在一起,在用户会话或活动终止后,浏览器将删除隐私相关数据及行为轨迹。"在笔者看来,看待技术发展,不是神化技术,而是针对技术发展给社会带来的弊端,不断通过政治、经济、法律等手段进行调试。此外,长远来说,6 号受访者认为,"隐私保护的底层技术应该掌握在政府手中,不能让互联网企业既当选手又当裁判。"

---

❶ 占南. 重大疫情防控中的个人信息保护研究——基于隐私保护设计理论［J］. 现代情报,2021,41（1）：101-110.

6.5 政策：探讨隐私新价值

6.5.1 数据作为生产要素进行交易流通

伴随大数据的深入发展，我国已经进入数字经济时代，隐私的保护与数据价值的发挥是必须权衡的问题。16号受访者表示，"党的十九届四中全会首次提出将数据作为生产要素，这充分肯定了数据的价值，意味着对于人文社科研究，需要进一步探讨数据确权问题、数据安全风险、侵权追责问题和收益分配问题，其中最重要的是要进一步理解数据资本的理念。当前，企业所掌握的数据规模、数据鲜活程度，以及采集、分析、处理、挖掘数据的能力决定了企业的核心竞争力。探索将数据以资产管理方式进行管理和评估，还需要不断探讨和深化，因为整体来看，数据经济作用的发挥沿着资源化—资产化—资本化的路径发展，而从数据资本理念来看，数据资本化的过程，可以类比一下，就是将数据的价值折算成股份或出资比例，并通过生产、交易、流通、消费变成资本。这个过程还需要不断的探索。与实物资本不同，数据资本也有自身的特性，如不可替代性和非竞争性。此外，数据价值的发挥也受到"数据孤岛"和数据交易的影响。整体看，目前数据与资本的传输、算力和产品之间在确权、定价、标准、存证、信用体系、溯源和利润分割、收益分配方面都有很大的不确定性，因此规范数据交易的方式是亟需解决的问题。此外，数据资产入表的财税制度也在探索中。当然，这其中的隐私保护需要借助技术手段来实现。"

隐私信息是数据的重要组成部分，当数据作为生产要素提出之时，就意味着隐私在大数据时代不仅仅局限于人格权，因为在当前的大数据时代，个人信息保护承载了除传统意义上的隐私保护之外更多的价值。它不仅涉及如何预防个人私密空间和隐私信息被侵犯、保护个人生活的安宁，还涉及面对大数据分析技术的日益广泛应用，个人如何在必要之处有效对抗数字化决策，如何更好地保护个人权益等。这意味着信息的经济价值将被逐步发掘。正如15号访谈者所说，"数据交易流通是当下探索数据要素价值的重要尝试。根据国家数据要素市场化的相关文件，目前数据交易工作主要从以下几个方面展开：一是搭建流通交易基础设施。充分利用云计算、区块链、联邦学习、隐私计算等先进技术，构建由数据归集、安全可信流通和交易门户组成的三位一体的大数据流通交易平台，实现原始数据可用不可见、数据产品可控可计量、流通行为可信可追溯，初步建成数据流通交易的基础设施，为场内交易提供低成本、高效率、可信赖的环境。积极对接上海、深圳等地大数据交易平台，推动平台间互通互联，提升服务效能。二是探索建立数据要素权属制度。在继续探索数据使用权和所有权分离的基础上，开展数据登记确权，明确数据归集权、使用权、管理权和收益权。由数据流通交易场所试点颁发'数据商登记证书''数据要素登记证书'，审核通过后入场，确保交易主体身份可信且具备履约能力，确保交易数据内容真实、准确、有效。试点颁发'数据信托证书''数据用益证书'，分级分类对原始数据、脱敏化数据、加密数据和模型化数据的权属界定和流通使用进行管理，明确使用数据和获得收益的权利和义务，规范流通交易市场活动，构筑高效数据流通交易体系，破解数据流通交易壁垒。探索创新金融政策。试点认定一批数据要素型企业，探索推出适应数据要素市场化的金融政策，鼓励不同类型的金融机构开展数据资产质押融资、数据资产保险、数据资产担保等数据要素资本化创新服务。三是设立专项的数据风险补偿基金，引导金融机构加大对数据要素创新型企业的投资和支持力度，促进数据要素型企业通过数据资产评估价值进行信用贷款融资，支持数据要素市场发展。四是健全数据安全管理制度。制定《数据交易安全规范》，规范数据所有方、使用方、运营方的安全主体责任，加强对公共数据安全、企业商业秘密和个人隐私信息的保护。制定《数据交易合规性审查指南》，建立数据流通交易评估制度，对数据产品、模型算法进行审查评估。五是完善数据安全技术架构。构建数据流通交易安全监管平台，运用区块链、可信身份认证、数据签名、接口鉴权、数据溯源等技术实现数据要素来源可溯、去向可查、行为留痕、责任可究，实现对不同主体数据用途用量的精准计量、可控流通、按需调度，打造安全可控、有活力的数据流通生态。强化数据流通交易监管，严格落实《网络安全法》《数据安全法》《个人信息保护法》等相关法律规定，开展数据流通相关主体合规性审查。建立数据要素流通使用全过程的合规公证、安全审计、算法审查、监测预警机制。完善数据要素市场社会信用体系，制定数据流通交易负面清单。开通举报投诉渠道，维护数据要素市场良好秩序。"

可以说，隐私保护与数据要素价值的发挥是政府数据治理的重要构成。2021年，广东省在《广东省首席数据官制度试点工作方案》中首次提出设置

"首席数据官",这一做法与国外很多互联网公司设置"首席隐私官"类似,由专门人士负责数据业务,促进数据与业务的融合。在笔者看来,结合数字时代隐私的信息属性,这将是未来隐私保护的新取向。近年来财政部陆续开展了数据资产评估的调研,指出数据在数字经济时代的基础性战略资源作用和关键性生产要素地位日益凸显。各类市场主体积极探索数据的创新应用,不断挖掘数据的价值。深入了解我国数据资源的现状及运用情况,分析数据资源在企业实现核心价值中的作用,研究数据资产相关会计处理问题,探索数据资产分类、确认、计量和报告的可行性方案,是数字时代探索隐私保护路径可以借鉴的思路。

6.5.2　GDPR 和 CCPA 成为讨论焦点

当数据作为生产要素进行交易流通时,其确权、定价等问题就进入法学研究的视野。一方面,要通过明确的确权分类为数据要素价值发挥和数字经济发展提供法律保障;另一方面,数字社会时代隐私保护的重要性也不能被低估。隐私的主体往往会基于历史脉络和文化阶段不断驯化和建构自我,隐私权要确保的是隐私主体在网络空间中不被随意透视和不被贸然预测的自由,这对于当下和未来的隐私政策与法律法规制定应该有重要的启示。❶ 笔者在对 31 号受访者访谈时提出了目前不同国家在促进隐私保护和数据权利发挥方面的做法,31 号受访者指出,"目前国际上讨论最多的是欧盟的《通用数据保护条例》(GDPR)和美国的《加州消费者保护法案》(CCPA),这两者有很多的相似性,但是由于这两部保护法所处的立法环境、执法环境均不相同,所以在对象的约束与很多条款的实施上有所区别。CCPA 更加注重消费者保护的实际效果,以及与促进企业发展、技术创新之间的平衡。CCPA 明确了适用范围,扩展了个人信息定义,更加注重消费者隐私权利保护等。"值得一提的是,根据笔者的网络资料研究,2023 年 1 月 1 日《加州隐私权法案》(CPRA)生效,其对 2018 年颁布的《加州消费者保护法案》(CCPA)进行了修订与扩展,这为数据隐私的监管执法做出了准备。欧盟委员会在 2022 年 2 月 23 日通过了关于非个人数据的《数据法案》(*Data Act*),数据共享、公共机构访问、国际数据传输、云转换和互操作性的规定是其主要内容,监管对象主要是互联网产品

---

❶ 邵成圆. 重新想象隐私:信息社会隐私的主体及目的 [J]. 国际新闻界,2019,41(12):14.

的制造商、数字服务的提供商和数字用户等。数据信任与治理公众号对其进行了中文版翻译,而根据《中国电子报》的解读,发现此法案主要释放了三个层面的信号:一是对公共部门使用数据进行了约束,完善了企业和政府之间共享数据的规则;二是构建了企业与企业数据共享的权责体系和实现路径;三是在数据交换和数据跨境等层面制定了详细规定,形成了具有落地可能的保障。❶ 整体来看,这些法律法规对我国数据治理政策法规的制定和完善具有参考意义。

对于欧盟来说,个人数据被保护权被认为是一项重要的基本权利,这是欧洲各国确立共同体身份的重要保障,因此 GDPR 对个体权益的保护力度相对较大。对于美国来说,行业自律一直是主旋律,基于保护消费者的立场促进数字经济顺利发展,只要不存在不公平、不欺骗、不对称等欺骗待消费者的情况,美国联邦贸易委员会很少进行市场监管,但在侵犯隐私的高风险领域,如金融、视频、儿童、医疗、电信、征信方面,则进行了单独立法。❷ 我国的文化背景、市场经济体制与欧盟、美国存在较大不同,因此我国《个人信息保护法》的执行及后续法律制定都还有大量内容需要研究。

6.5.3 从网络安全到隐私保护的过渡

在了解了国外主要的隐私和数据法案的基础上,对我国目前的几部法律法规梳理如下。《中华人民共和国国家安全法》《网络安全法》《数据安全法》《个人信息保护法》是上位法,涉及范围广,原则要求多,提供了基础法律依据,需要在执行过程、具体领域中进行细化;《网络数据安全管理条例(征求意见稿)》进一步细化落实了数据安全管理,对多项原则要求进行细化,满足了当前日益迫切的数据安全管理需求;《汽车数据安全管理若干规定(试行)》《关于加强车联网网络安全和数据安全工作的通知》目的是加强汽车数据特别是车联网网络和数据安全管理,是汽车领域数据安全的主要制度,是上位法在具体领域的细化;《数据出境安全评估办法(征求意见稿)》进一步细

---

❶ 宋婧. 欧盟《数据法案》即将发布,带来哪些启示?[EB/OL]. (2022-02-24) [2022-04-04]. https://mp.weixin.qq.com/s/P7xcngn11vcRVVLU0p3MMQ.
❷ 丁晓东.《个人信息保护法》的比较法重思:中国道路与解释原理 [J]. 华东政法大学学报, 2022, 25 (2): 73-86.

化落实了数据出境相关管理要求，是对当前数据出境过程中相关要求的整合细化。❶ 此外，《网络安全审查办法》已经于2021年11月16日经国家互联网信息办公室第20次室务会议审议通过，并于2022年2月15日正式施行。整体看来，我国数字时代的法律体系，国家安全、网络安全是底线和方向。在笔者看来，隐私法能够保护个人隐私和数据隐私，合理的监管框架能做到很多，并且需要积极实施，我们不应该停止这种尝试。

6.6 行业：数据交易的探索

6.6.1 信息信托规范平台发展

平台是信息时代的新型基础设施。笔者受到学术沙龙"从大数据神话拯救隐私"的启发，不同于以往研究者对平台隐私协议框架的探讨和分析，本部分试图从用户和平台协同的视角探索平台社会下的隐私保护。这其中，具有代表性的是耶鲁大学法学院教授杰克·巴尔金（Jack Balkin）提出的信息信托（information fiduciaries）理念。❷ "信息信托"的概念已成为网络平台监管争论的焦点。这一理念旨在重新平衡普通个人与积累、分析和出售个人数据以获取利润的数字公司之间的关系。杰克·巴尔金（Jack Balkin）认为，正如法律对医生、律师和会计师对他们的患者和客户规定了特殊的照顾、保密和忠诚义务一样，它也应该对互联网用户给予隐私保护。在过去的几年里，这一论点获得了非常广泛的支持。在具体的实践中，海南省的"数据产品超市"理念与之类似。18号受访者作为其技术架构的主要设计者，在访谈中表示，"这一理念一是创新了数据产品与数据服务的方式，通过原始数据的产品化和服务化，避开原始数据权属方面的争议，聚焦数据过程的合规和安全，使数据要素得到充分的开发利用，帮助解决目前公共数据资源开发利用破局难的问题，并通过制定规范，解决数据产品购买中存在的服务低水平、同质化、标准不一致等问题；二是通过'数据产品超市'平台激发数据市场活力，丰富数据产品和服

---

❶ 虎符智库. 深度：一文读懂我国数据安全政策动向与趋势 [EB/OL]. (2022-02-18) [2022-03-10]. https://mp.weixin.qq.com/s/1GKGVIekgs6JuR4s_3JaDg.

❷ M L K，E D P. A skeptical view of information fiduciaries [J]. Harvard Law Review, 2019, 133 (2): 497-541.

务，并促使信息化采购方式逐步实现从'先采购后建设'向'先开发再试用后采购'转变，从单一的项目采购逐步向服务采购等多方式转变，逐步改变传统项目采购以开发商项目验收通过为目标的方式，驱动以信息化服务结果为导向，着力解决目前信息化项目建设中手续复杂、流程多、周期长、成本高、绩效差的堵点、痛点、难点；三是开展数据产品确权探索，解决数据产品的所有权、使用权、收益权问题，可以促进数据要素的高效配置。"需要说明的是，这一平台主要由政府发起建设。与国内不同，国外数据交易平台更多的是市场发展到一定阶段的产物，从2008年起步发展到现在，既有综合性数据要素市场，如BDEX、Ifochimps、Mashape、RapidAPI等，也有很多专注细分领域的数据交易服务商，如针对个人数据领域的DataCoup和Personal、针对位置数据领域的Factual、针对经济金融领域的Quandl和Qlik Data market、针对工业数据领域的GE Predix等。除了专门的数据交易平台之外，近年来国外很多信息技术头部企业依托自身庞大的用户数据资源、云服务和数据资源体系，形成了基于自身业务发展的数据流通交易平台，作为打造数据要素流通生态的关键战略步骤，比较知名的有亚马逊AWS Data Exchange、谷歌云和微软Azure Marketplace等。

6.6.2 依托市场机制的隐私交易

伴随数据要素作为新型资本被提出，隐私数据交易被越来越多学者讨论，这是在信息信托基础上的更加市场化的运作，主要观点是把隐私数据财产化，然后进行产权界定，通过市场机制进行隐私交易和定价，与大数据平台形成对等交易和谈判关系。国外已经出现了个人数据银行❶，是在数据来源层面上对当前数据交易平台的补充（表6.1）。国内由于目前相关法律法规还不完善，信息交易存在不对等，市场化机制难以运行。20号受访者表示，"伴随大数据共享流通的发展，目前我国政务数据的打通整合是相对完善的，可以基于这一领域的数据进行脱敏，展开交易尝试。"25号受访者认为，从隐私的商品属性来看，隐私数据是"在信息隐私曝光成本和收益经济原则约束下的新型数字商品"。

---

❶ 郑琳. 大数据背景下个人数据银行发展现状分析及启示［J］. 图书馆学研究，2020（5）：8.

表 6.1　国外主要数据交易个人银行

平台	服务内容	服务模式	定价模式
ShopandScan	数据交易	C2B/C2C	积分兑换：10 000 积分兑 10 英镑
Digi. me	数据交易	C2B/C2C	分成定价：0.1 美元/数据或用户收入的 7.5%
Datacoup	数据交易、用户画像	C2B/C2C	固定定价：分高、中、低三档，每周结算，超过 5 美元可提现
CitizenMe	数据交易、用户画像	B2B/B2C/C2B/C2C	固定定价：按照数据类型分为三档，以商家折扣形式结算
EverySense	数据交易	C2B	协商定价
Datawallet	数据交易	C2B	代币支付：DXT 币，具体数额以合约协定为准
Lotame	数据交易	B2B/C2B	协商定价：成本计价或价值计价方案由用户二选一
OnAudience	数据交易	B2B/C2B/C2C	千人成本定价
OPIRIA	数据交易	C2B/C2C	代币支付：PDATA 币结算，具体价格取决于数据市场供需状况
Wibson	数据交易	C2B/C2C	积分兑换：visa 抽奖码、Spotify 订阅、优步信用分、以太坊代币

6.7　小　结

回归到本书的研究问题，即在观念明确和影响因素确定的基础上，基于协同视角，进一步以网民为主要切入点，对网络社会参与主体展开深度访谈，试图解决数字时代隐私保护"怎么做"的问题。基于此，提出了以下研究问题：

1）隐私保护中各个主体的功能角色是什么？
2）数字时代隐私自主的模型如何建构？

在主体选择上，笔者没有拘泥于传统的政府、企业、个人的三维框架，而是基于文献综述、大数据分析和网络问卷调查结果,将参与主体明确为六大类,这对于进一步探寻和明晰与网民相关的利益主体具有重要意义。在环境层面,主要从媒体报道的舆论环境展开探讨。受访者认为当下的媒体报道相对单一,倾向隐私泄露等负面题材的选择,同时更多的网民认为,当前的网络氛围"人肉搜索"是令人害怕的,所以会不定时审核自己的言论,来保护自己的隐私不被泄露。在个体层面,伴随大数据渗入生活成为常态,加强隐私保护变得尤为迫切。在平台层面,一方面,网络打破了空间限制,个体在不同平台随时切换,也就意味着不断给各个平台让渡信息;另一方面,网络化的工作让数字追踪变得更加容易,更"透明"的工作环境成为常态,影响了个体自主性的发挥。在技术层面,隐私意识的提升推动了隐私计算、联邦学习、区块链等技术的进步,但目前真正落地应用的较少,且技术的两面性是需要持续关注的,正负效应的评定最终需要权衡。在政策层面,一方面数据要素市场化的呼声日趋强烈,信息隐私是重要的数据类型,但就法律来说,美国和欧盟的态度比较明确,我国目前的法律体系整体以服务国家安全为主,在个体关怀上还存在一些不足。在行业探索层面,出现了两种新的取向,一是基于信托理念探讨隐私的保护,二是依托个人数据银行的市场化交易,这两种观点的提出无疑是对传统时代隐私的新挑战。

在笔者看来,最终隐私自主的实现需要有一个"高级中心",即所有大规模技术系统最终都要受控于单一的高级中心——国家。现代技术达到了它的最高发展阶段,其所有的部分都完全相互联系并且整合为一体。分散的系统面临着如何对其边界之外的因素加以控制的问题,这些问题常常涉及它们彼此之间的关系。摆脱这种困境的唯一方法是国家这一社会最高民事力量进行调解。通过控制税收、调拨和法令等,国家能够对分散系统所必需的运行条件做出保障,并促成和管理这些系统之间的联系。按照这一论点,国家在这样做时承担了对技术秩序中的所有活动进行控制的职责。[1] 因此,平衡各个主体的利益就变得很重要,这也是本书对这一领域的贡献之一。

基于此,笔者构建出多元主体平衡视角下的隐私自主模型,如图 6.1 所示。实现隐私自主,需要平衡数字时代不同参与主体的利益。本章通过深度访谈的方法,将主要参与群体分为六类,分别是数字环境、网民个体、数字平

---

[1] 兰登·温纳. 自主性技术:作为政治思想主题的失控技术 [M]. 杨海燕,译. 北京:北京大学出版社, 2014: 33.

台、数字技术、数字政策和行业组织。分析来看，当前平台的垄断现象比较突出，日常的数字追踪、"知情-同意"原则基本上失灵，平台与其他参与群体的主导权并不对等，这也是近年来不断加强反垄断的重要原因。对其他主体来讲，网民作为重要的参与主体，提高隐私素养成为维护数字权益的重要手段。对于环境来讲，媒体报道形成的舆论环境深刻影响着网民的行为选择，但当下却面临媒体报道与隐私保护行为传播效果评估的缺失，未来可展开此方面的研究，从而优化媒体报道方式。对于行业来说，受限于经济发展和社会历史文化因素，行业协会未来可以在隐私数据交易行业进行尝试，从而形成基于我国本土的实践，为数据跨境流动的标准规则制定提供经验参考。从政策来看，本次研究主要选取了宏观的政策进行分析，主要是美国、欧盟和中国的代表性法律法规，事实上，伴随数字社会的深入发展，隐私政策将贯穿到生活的方方面面，如美国在 CCPA 之后，弗吉尼亚州、科罗拉多州、犹他州和康涅狄格州，在消费者权益保护、个性化广告推荐、生物数据界定方面开展了更多的探索。❶ 我国《个人信息保护法》的出台在宏观层面为数字时代权益保护提供标准的前提下，未来还需要基于数字经济渗透的各个领域探索适合我国的方案。

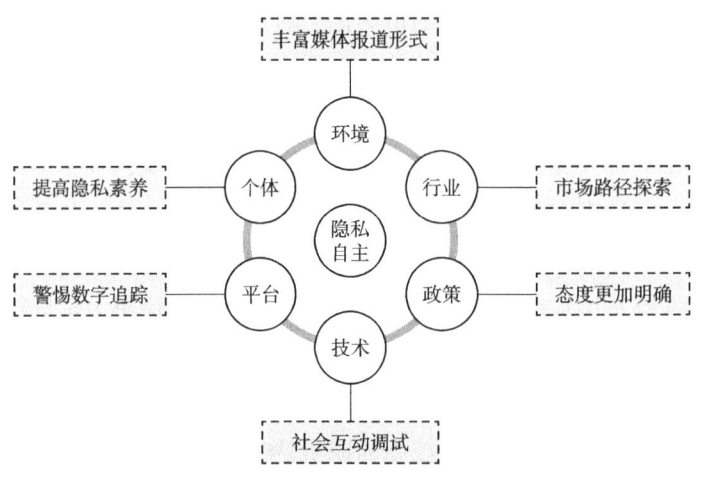

图 6.1　隐私自主模型

---

❶ 腾讯发展. 美国第五部州隐私法来了！照片、视频不属于生物特征数据［EB/OL］.（2022-02-16）［2022-05-20］. https://mp.weixin.qq.com/s/3StAZfOI-Op9Q0zXBRbZFw.

第7章 讨论与局限

7.1 研究讨论

讨论的展开依据每部分的结论和新发现，基本逻辑是从结论出发，基于更宏观的视角展开讨论。在第4章中，笔者基于大数据的分析和可视化，以新浪微博平台为例，对网民的隐私讨论进行分析，试图初步理解数字时代网民的隐私观念。研究发现，隐私观念不仅局限在身体隐私、空间隐私和信息隐私的概念界定，更与隐私涉及的主体、提及的议题、依托的载体、隐私的影响有关。考虑到平台属性，笔者认为数字时代理解隐私，需要借鉴媒介生态的研究视角，构建基于隐私观念的生态框架，这背后反映的底层逻辑是如何理解数字时代技术与社会的互动。在第5章中，笔者聚焦"为什么"，基于结构方程模型的搭建，从信息环境、隐私特性、个人特质、人口因素、隐私管理五个层面展开假设，并对相关变量进行验证。但正如隐私观念变化所示，隐私的变化本质上反映的是社会变迁问题，从全球化角度看，是社区的打破，网络化个人主义的诞生，也因此独生子女等群体的隐私管理行为指数更高。从中国社会发展的变化来看，现代化的社会进程中，传统农业社会的集体主义思潮正在被打破，城镇化的发展促进了个人意识的觉醒，因此在性别、年龄、婚姻状态、学历、收入、现居住地、少年居住地等人口学变量的多元回归模型中出现了不同层面的隐私管理行为指数，而这背后反映的底层逻辑则是隐私分级分类的必要性。在第6章中，笔者提出用隐私自主的方式破解"怎么做"的问题。自主是基于当下网络群体中各方利益不平衡的视角提出的，理想情形下的自主应该是不同主体各司其职，发挥作用，让个体的安全感更强，这也应该是隐私保护的归途，而在数据作为生产因素的当下，隐私的经济价值正在被发掘，学者们相继提出"信息信托""数据银行"等说法。可以说，系列访谈反映出来的底层逻辑问题是隐私数据银行建构的必要性问题。基于此，笔者展开了三个层面的讨论。

7.1.1 隐私观念变迁：技术和社会的双向驯化

探讨这个问题前，我们需要明确两组概念：一是技术和社会。新闻传播领域的不少研究围绕技术与社会展开，但大体离不开三种观点：第一种是社会决定论。社会科学家认为，左右技术发展的是由权力精英作出的一系列决策。在这种观点看来，技术是这些决策导致的，技术是结果，特定的技术通常是背景因素，由此形成了人类的社会和政治冲突。第二种是技术决定论，即技术的发展决定了未来方向的全部可能性。第三种是技术中立的讨论，主要从技术自主的角度展开，认为技术一旦发明，就变得自主了。20世纪60、70年代后，大量技术乌托邦作品出现，认为技术超过了人的控制，就像弗兰肯斯坦一样失控了。其中，有两本著作是有代表性的，一本是马尔库塞（Marcuse）的《单向度的人》，另一本是埃吕尔（Ellul）的《技术社会》。埃吕尔认为，技术成了新的和特殊的环境，人需要在这种环境中生存，这种环境取代了旧的环境，也就是自然的环境。❶ 二是技术和应用。近年来，随着技术的发展，面向消费者使用的技术和电器越来越多样化。尤其是从20世纪80年代开始直至今天，我们见证了个人电脑、互联网、智能手机、智能家居产品等越来越广泛地进入生活环境中。由传播学科以往的研究可以发现，从戴维·莫利（David Morley）、詹姆斯·罗尔（James Lull）等英国文化研究学派学者开始，许多学者着眼于在日常生活场景中考察人们如何消费和使用技术。随着移动设备的出现，许多学者如哈登（Haddon）、里奇·林（Rich Ling）、哈特曼（Hartmann）、博尔克（Berker）、巴克德捷瓦（Bakardjieva）等都采用驯化理论的研究框架，考察智能手机、电脑、互联网等媒介技术引入社会生活的过程、意义制造及给日常生活带来的影响。英国学者罗杰·西尔弗斯通（Roger Silverstone）所负责的"信息与传播技术的住户使用"（Household Uses of Information and Communication Technologies）研究项目是技术的驯化这一理论的具体实践。从整体路径来

---

❶ 兰登·温纳. 自主性技术：作为政治思想主题的失控技术 [M]. 杨海燕, 译. 北京：北京大学出版社, 2014: 5.

看，技术首先被购买引入，然后在融入具体社会情境的过程中产生微调和适应。笔者将其理解为技术与社会的互相驯化。在新闻传播领域，平台与群体的双向驯化被研究者所关注，巴瑞（Bury）通过对粉丝（$n=33$）的访谈数据进行分析，发现并非所有平台都支持社区形成，因此认为"粉丝"组织的研究应该基于平台特征展开。❶ 这意味着群体和平台往往处于互相驯化的一种状态。一方面，群体需要适应新媒体技术才可以表达声音；另一方面，新媒体技术又被"粉丝"组织赋予一定的意义。当然，这也与技术发展和使用中带来的社会伦理问题相关，物联网、机器人、生物识别、虚拟现实、增强现实、混合现实及数字平台相继出现，其对应的社会伦理问题也对应出现，即隐私、自治、安全、人类尊严、正义和权力平衡。相关研究表明，新一轮的数字化需要更加注重技术透明度的问题，保护网络参考者的相关利益。在隐私和数据保护领域，监督工作得到了很大的发展。对于其他有关数字化的伦理问题，监督工作的组织还有待优化完善。❷ 埃吕尔（Ellul）认为技术社会是建立在资产阶级文化的观念和动机（合理性、利润、舒适的物质条件、便利）之上的，他主张技术只有满足社会需要才能进步，但他认为技术和需求的关系存在一个选择过程。

因此，数字时代的隐私观念是技术与社会双向驯化的结果。一定意义上，社会时间的延续与社会空间的延续是相互作用的。人类生活在社会中，不仅受制于物理空间，而且受制于整个人类共识所创造的规范。❸ 信息技术和社会中的人是互相驯化的，这意味着结构和规则是演进的、动态的，并在变迁中改变原有的意义。通过前文的分析发现，隐私观念不是一成不变的，技术在其中扮演了重要角色。近年来科技巨头的反垄断调查正在愈演愈烈，这与平台公司和个人权益不对等密切相关，因此需要对以算法为代表的技术重新认知。当前互联网接入的特点是多设备、移动和无处不在，通过关注互联网技术在日常使用中的地位和作用，探索互联网接入不断变化的性质，有助于我们理解互联网访

---

❶ BURY R. Technology, fandom and community in the second media age [J]. Convergence: the International Journal of Research into New Media Technologies, 2017, 23 (6): 627-642.
❷ ROYAKKERS L, TIMMER J, et al. Societal and ethical issues and digitization [J]. Ethics and Information Technology, 2018, 20 (2), 127-142.
❸ 刘德寰. 年龄论：社会空间中的社会时间 [M]. 北京：中华工商联合出版社，2007：5.

问发展和维护的潜在机制。❶

7.1.2 人口分层视角：隐私分级分类的必要性

在提出这个视角前，我们可以问自己一个问题，即什么样的人最在乎隐私？通过对人口学因素影响隐私的研究发现，性别、收入、年龄、工作类型、居住地、婚姻状况、独生子女与否等都会对隐私管理产生影响，这些变量可以归结为更宏观的社会时空因素。我们可以这样理解，隐私往往由个人的权利和社会地位决定，富人不需要通过向当局披露敏感信息来获得政府的补贴支持，而有经济或社会需要的人必须披露或不披露。就像访谈中8号受访者提到的，"经常暴露在公众视野中的群体，如官员、明星，注重个人形象的群体，如主持人、教师、警察等会更在乎隐私。"因此，基于不同群体的隐私期待研究成为研究焦点，如自动驾驶不同层级让渡不同的隐私，与社会机器人互动时基于功能的不同让渡不同的隐私。

在网络空间中，原有的经济社会分层有的无法看到，而新的分层标准往往是根据成员是否遵守社区中的规则和价值观，以及是否具备一定的网络经验和学习能力确定的。通常影响这种经验和能力的因素主要有两个：一是成员在网络空间中的时间分配，二是成员能否融入网络语境和大家谈话。与此同时，伴随新媒体对空间的打破，不同群体穿梭于不同空间的现象更加普遍。

此外，传统的隐私模型是个人主义的，但网络隐私的侵犯现实反映了个人在上下文和网络中的位置。❷ 海伦·尼森鲍姆（Helen Nissenbaum）认为应该基于对应的社会技术背景分析隐私问题。一方面是从一定的社会情境出发理解隐私，不仅仅是"私人"与"公共"之间的简单二分法，更重要的是，我们需要认识到，在一个领域被认为是公共的东西，在另一个场所可能就是私人的。例如，我们愿意把我们的财务状况、金融状况的细节呈现给会计师，但通常不会和他们分享私人关系网络。同样，我们愿意披露健康信息给医生，但不会轻易告知他们我们的收入情况。简而言之，隐私保护的立法需要考虑语境问题。❸ 这可以从欧美隐私立法的渊源找到启示。欧盟隐私保护的法理基础根源

---

❶ DARJA G. Re-domestication of internet technologies: digital exclusion or digital choice? [J]. Journal of Computer-Mediated Communication, 2021, 26 (6): 422-440.

❷ SIÂN L, BRADY R, et al. Networked privacy: how teenagers negotiate context in social media [J]. New Media & Society, 2014, 16 (7): 1051-1067.

❸ NISSENBAUM H. A contextual approach to privacy online [J]. Daedalus, 2011, 140 (4): 32-48.

于"个人尊严",长久来看可能会对创新的发展造成一定影响。美国则将隐私视为对抗国家的一种"自由价值"。整体来看,美国隐私保护的位阶是低于言论自由的,因此美国的隐私保护侧重基于语境展开,即个体的"合理隐私期待"需要平衡社会长期发展利益❶,因此往往会从个人和社会两个层面展开:一是调查个体的隐私期待,二是对隐私信息的社会利害关系进行权衡。❷ 具体到中国社会,数字化的纵深发展意味着隐私保护不能因循守旧,要立足网民的隐私期待展开隐私保护契约的设计❸,这就需要通过梳理相关的社会契约研究,结合网络调查和大数据分析,探索隐私契约的设计,从而达到个人、企业与政府之间的平衡。而更宏观的分级分类研究是基于危害国家利益层级展开的。当然,分级分类并不是单一一个学科可以解决的问题,需要更多地同法学、管理学、经济学等不同领域的学者展开探讨,从而形成具备实践意义的隐私数据分级分类体系。

7.1.3　隐私自主归途:从数据交易逻辑找启示

伴随数据作为生产要素被提出,隐私数据的财产说被越来越多人讨论分析。生产要素(factors of production)作为经济术语,用来描述为获得经济利益而在商品生产或服务使用中的投入,这些资源的投入促进了生产或经营,提升了效率或改善了效益。作为生产要素,其价值可以从三个方面体现:一是数据可以经计算转化为信息,加速人类知识的生产,成为知识的生产要素,进而促进社会生产力的提高;二是数据的计算可以直接产生智能(数据智能),辅助决策甚至替代人类决策或行动(人工智能);三是基于数据的决策不仅更加科学、精准,而且快速,能够优先部署和配置资源,抢占市场。整体来看,数据要素对于提升改进全要素生产率的贡献度得到了高度共识。基于此,社会各界开始了数据要素市场化的探索,可以归结为资源化、资产化和资本化三个阶段,同样也可以做类比,见表7.1。

---

❶ 刘利平. 大数据时代个人信息被遗忘权法理辨析——基于欧美隐私自主与言论自由博弈视角 [J]. 西北民族大学学报(哲学社会科学版),2019(1):58-67.
❷ 朱晓睿. 版权内容过滤措施与用户隐私的利益冲突与平衡 [J]. 知识产权,2020(10):64-76.
❸ MARTIN K. Understanding privacy online:development of a social contract approach to privacy [J]. Journal of Business Ethics,2016,137(3):551-569.

表 7.1　数据参与市场配置的三个阶段

交易标的	交易模式	分配形态
数据资本化	股权定价	股权分配
数据资产化	收益定价	效益分配
数据资源化	成本定价	薪资分配

数据资源化阶段主要涉及针对数据集本身的交易，其定价依托于传统的信息产品定价模式，通过按次定价和协议定价等方式实现价格机制。从现实运行情况看，受数据所有权确权法律问题和数据安全隐私保护等限制，能够用于交易的原始数据集很少；即便对数据进行了一定的脱敏处理，仍存在多源数据交叉比对后补齐原始数据、造成隐私泄露的隐患，很难大规模用于数据交易。这一阶段的数据要素参与分配方式主要为薪资分配，即从事数据资源化阶段的支撑性业务，包括数据采集、清洗、标注、合并等数据加工服务的劳动力成本。例如，联通大数据公司提供的产品包括标签体系、位置数据及行业指数等。

数据资产化阶段与其主要任务密切相关，即主要基于数据资源的模型化算法形成的各类应用成效确定收益分配方式。以金融行业为例，借助数据交易所联结的跨机构、跨行业数据资源网络，银行、保险公司等机构不仅可以通过运营商、航旅信息服务商等获取常见的授权数据查询，还可以通过联合建模在不泄露用户标签信息的前提下进行更复杂的信用评分和风险预测，以及在同行业机构间通过隐私计算联合查验客户是否属于黑名单客户或多头客户等。在此过程中，分配价格的形成遵循市场化的基本原则，政府或交易机构不对数据直接定价，而是要在清晰界定数据用途用量的基础上，围绕数据资产质量、开发成本、隐私含量、模型贡献度等释放的价格信号，由各类市场交易主体通过区块链、共识算法等技术手段实现博弈定价，最后由市场主体在充分竞争和博弈中形成多元参与主体的价格共识。

数据资本化关乎数据价值的全面升级，是实现数据要素市场化配置的关键所在。总体来说，数据资本化交易业务目前尚不完全具备实施条件，但在未来是做大做强数据交易的核心路径，因为其可以有效激发各类社会主体参与数据要素市场建设的活力。数据资本化阶段的分配方式常见的有三种：数据股权化、数据证券化、数据信托化。需要补充的是，数据信托作为一种新型的数据安全与数据利用制度，2021年被麻省理工学院列为十大突破性技术之一，其作为一种新型的数据安全与数据利用制度，伴随《个人信息保护法》的运用与实施、个人隐私观念的崛起,将是未来探索的重要方向。

数字时代,网络化个人主义日益明显,每个人对隐私的期待不同,真正意义的自主体现为个人决定隐私数据的分配,就像我们可以自主配置金钱一样,这是在平衡主体利益基础上更进一步的隐私自主。

7.2 研究局限

7.2.1 隐私与空间视角欠缺

在社会科学研究中,空间往往具有如下三种社会功能:一是对共同体的外人或者异类设置屏障,从而达到排斥目的;二是推动和促进共同体内部成员团结;三是形成共同体内部的行为规范,从而保持秩序的稳定。这一定程度上与隐私的社会功能趋同,即通过排斥和聚合这两种机制带动社会整体的团结。根据隐私作用于人群的范围,可以把空间分为三个层次:第一是个体空间;第二是社群空间,即个体与亲人、朋友、同事、客户分享的空间;第三是公共空间,即全体社会成员都可以自由出入的空间,如街道、广场和公共博物馆等。此次研究因为疫情原因,空间视角融入不足,但其实空间对隐私是具有持续意义和价值的,如城市和农村建筑空间的差异、学生宿舍的空间布局、古代和现代的空间布局。中国古代的等级社会经历了较长的历史时期,社会地位较高的人一般会更加注重隐私。现代办公空间对语音隐私的需求不断增加,人们更喜欢他们的谈话保持私密,同时不被他人的言论打扰。[1] 未来可以基于空间理论对隐私展开深入解读。

7.2.2 隐私与数据跨境流动

互联网打破了时间和空间的限制,全球化进程为数据跨境流动提供了契机,而当下数据跨境中的隐私问题却仍未解。国家出于数据安全考虑,需要对数据进行评估。全球各国发展阶段不同,政策规则欠缺统一标准。全球性的对话和各国的实践仍是未来需要持续关注和研究的,不仅是传统的民族国家,更多的还是跨国公司。TikTok 短视频平台在全球范围内快速发展、扩张,一定程

---

[1] KRASNOV A, GREEN E R, ENGELS B, et al. Enhanced speech privacy in office spaces [J]. Building Acoustics, 2019, 26 (1): 57-66.

度上代表了中国互联网企业在全球化进程中的突破，但由于法律规则体系不同，TikTok在海外传播和扩张的过程中呈现风险不断放大的特征，其在进入全球市场后受到来自各国政府不同程度的关注和审查。❶ 同样，国家对于滴滴赴美上市也进行了严格的数据审查。这充分说明数据跨境对隐私保护、国家安全具有重要意义，基于数据要素流通的视角，从隐私、安全等角度探讨数据跨境就更具实践价值。

7.2.3 隐私行业组织细分少

在隐私研究领域，美国为典型的行业自律模式，制定了系列标准指导市场，但在中国语境下，行业团体在政府和公民个人之间的衔接作用欠缺，导致本书对隐私数据的细分不足。根据《移动互联网应用程序个人信息保护治理白皮书》，目前我国手机应用软件分为安全管理、本地生活、餐饮外卖、地图导航、电子图书、短视频、二手车交易、房屋租售、婚恋相亲、即时通信、交通票务、酒店服务、浏览器、旅游服务、女性健康、拍摄美化、求职招聘、实用工具、手机银行、输入法、投资理财、网络借贷、网络社区、网络游戏、网络约车、网络支付、网络直播、网上购物、问诊挂号、新闻资讯、学习教育、演出票务、应用商店、用车服务、邮件快件、邮箱云盘、远程会议、运动健身、在线影音等种类。由于不同行业具有特殊性，所以细分的隐私关注对于系统立体构建隐私保护框架是有帮助的。有学者对基于位置的社交应用程序与隐私风险展开研究，发现基于位置的应用程序（GSNA）存在信息泄露/滥用、位置追踪、恶意人身攻击、性骚扰、针对个人的广告五类社会隐私问题，以及信息泄露、信息跟踪、应用程序监控三类机构隐私问题，为从用户和平台层面解决隐私侵犯提供策略。❷ 行业领域的细分是隐私数据分级分类的大前提。

7.2.4 对未成年群体关注不够

本次调查主要针对14周岁及以上的网民，而中国儿童中心联合腾讯可持续社会价值事业部联合发布的《2021未成年人网络媒介素养行为分析报告》

---

❶ 王沛楠，史安斌. 中国互联网企业全球传播的发展路径与风险应对——以TikTok为例[J]. 中国编辑，2020（11）：25-30.

❷ LI H. Negotiating privacy and mobile socializing: Chinese university students' concerns and strategies for using geosocial networking applications[J]. Social Media+Society, 2020, 6(1): 2056305120913887.

（以下简称《报告》）显示，由于无意识的主动披露等因素影响，86%的未成年人曾暴露过隐私信息，如性别、地址、年龄、所在城市等。此外，30%的未成年人由于缺乏隐私保护意识，会在社交网络上主动发布个人隐私相关的内容，如自己的照片和视频、家人和朋友的照片和视频等。未成年人隐私保护意识需要持续提升。❶ 未成年人的个人信息保护不仅是法律问题，还需要各群体的关注。很多儿童在上网课的过程中也会涉及信息保护的问题，智能机器人和儿童对话、网络社交的场景中也涉及未成年人的信息和隐私保护问题。一方面是信息注册的过程，另一方面是未成年人天然的参与交往的社交需求，导致位置及其他个人信息的暴露。未成年人个人数据的应用在这个时代正在重塑孩子们的童年，数字营销基于画像进行定向广告营销活动，让未成年人暴露在商业化的环境中，对他们的成长和发展势必产生影响。"儿童数字权益发展与保护项目启动与研讨会"指出，数字安全保护存在盲点，特别是网络隐私保护问题。2019年年底中央网络安全和信息化委员会办公室出台儿童网络信息相关规定，在《网络安全法》的基础上对儿童的信息保护作出了具体规定。但在监管对象上，由于概念界定较为宽泛，在网络数字保护环境、儿童智能玩具和智能手环保护方面仍存在一定的监管盲点。此外，信息采集问题、信息存储加密问题及监护人履责等问题也需要进一步探讨。

2020年我国修订了《中华人民共和国未成年人保护法》，国际上也有一些相关的实践，但对于未成年人的隐私信息保护的探讨大多聚焦在合法合规层面，针对这一问题应该有更宽广的维度。第一是安全，也是底线。实际上很多未成年人的数据面临过度分享暴露的风险。第二是健康，以安全为基础。未成年人使用互联网可以获得更多机遇去学习、交往、参与社会生活，如何更好地引导未成年人进行线上社交和娱乐、健康社交，如何让相关平台建立适应未成年人的规则，不让未成年人过早地暴露在商业环境之下，是我们要考虑的问题。第三是赋能。未成年人不但是数字时代的原住民，同时也是参与者和建设者，让数字环境更有利于未成年人积极参与，听取他们对相关的事物的意见，建立和未成年人用户沟通的机制，也是非常重要的。目前网络在对未成年人的身份进行有效识别的同时，对其个人信息也进行了大量的收集，如果存储不妥当，有可能导致未成年人隐私泄露，从而引发严重的社会风险。美国、欧盟等

---

❶ 腾讯发展. 面对虚假信息、隐私泄露，05后的网络媒介素养如何？［EB/OL］. （2022-02-16）［2022-03-02］. https://mp.weixin.qq.com/s/3StAZfOI-Op9Q0zXBRbZFw.

都有着严格的关于儿童个人信息网络保护的相关规定。我国的相关立法和行业规范也应与国际接轨。国家互联网信息办公室于2019年8月22日发布的《儿童个人信息网络保护规定》（国家互联网信息办公室令第4号）对于我国儿童个人信息保护具有里程碑意义。在此背景下，结合国内外相关的法律政策和我国未成年人个人信息保护的立法现状及实践中存在的问题，有学者建议由国家主导建立"一站式"未成年人身份识别管理平台，用来区分年龄、确定未成年人个人信息保护的内容，完善未成年人的监护人同意制度，引导制定行业标准等，使未成年人身份识别与个人信息保护关系达到平衡。❶《上海市未成年人保护条例》已于2022年3月1日起施行，其后续舆论反响和相关案例值得关注。

7.2.5 研究方法需要再审视

在大数据分析层面，由于笔者时间、精力有限，只抓取了微博平台数据，后续需要基于不同平台展开对比研究。此外，本书的研究还受到不可忽视的外部变量的影响。近年来，由于互联网内容治理的加强、网民个人隐私观念的提升、平台设置的变化❷等，一定程度缺失了一部分有价值的数据，这对研究结果会产生一定的影响，后期需要进一步查阅相关资料进行补充完善，从而进一步明确大数据分析在网络治理环境中的局限性。在问卷调查层面，时间和空间始终是社会科学研究的重要对象，本次研究笔者尝试从社会空间和时间的角度切入进一步理解网民隐私管理行为。需要注意的是，如隐私一样，时空也是不断变化的概念。时间的社会化分为社会时间的分化和社会时间的资本化，分化体现为社会时间变量包含不同种类与层次。❸伴随移动互联网、社交媒体和手机的发展，年龄这个概念应用变得更加丰富，如网龄、每天接触网络的频率、使用效能、技术接受度、不同应用的切换频率、不同场所使用的应用类型等都可以进行转化，这需要未来进一步的探索和发现，从而更好地对隐私问题的解决进行分级分类。此外，本书只关注了网民，但事实是，网络民意不等同于公

---

❶ 佟丽华. 未成年人网络保护中的身份确认与隐私保护［J］. 中国青年政治学院学报，2019，38（6）：123-129.

❷ 2019年微博管理员发微博表示，为了增强用户对自己账号内容的自主性和处理能力，站方新增了"仅半年内微博可见"的用户功能，用户开启该设置后，发布时间超过6个月的微博将被设置为"仅博主可见"，其他用户无法查看。该设置在信息流、个人主页、搜索场景生效。

❸ 刘德寰. 年龄论：社会空间中的社会时间［M］. 北京：中华工商联合出版社，2007：235.

众意见，且伴随网络"水军"的出现，网络民意和真实民意之间存在偏差变得普遍。在深度访谈层面，访谈主体可以更加多元。由于疫情的原因，很多访谈基于云端展开，相较于线下面对面的访谈，其效度和信度都是值得进一步思考和探索的。研究中采取了判断抽样和滚雪球抽样结合的方法，不可否认的是，该类抽样结果一定程度上受到研究人员的倾向性、主观性影响，主观判断造成的偏差无法完全避免，而这就容易导致抽样的偏差，因而不能直接对研究总体进行推断。

第8章 结论与启示

8.1 研究结论

8.1.1 隐私概念和观念的重新认知

隐私概念和观念是不断变化的，这是技术和社会双向驯化的结果。本书中隐私观念基于平台的讨论，对于重新理解隐私生态系统具有重要影响，后文在隐私保护路径中也会展开说明。数字时代生态系统的构建，不仅包含技术（隐私载体）、内容（隐私议题）和用户（涉及主体）的隐私影响评估，还包括要研究平台本身的所有权架构、商业模式和管理模式，只有这样才能做好平台和本体的有机联合。不得不说，平台的商业资本整合阻碍了用户隐私保护自主性的发挥，与之对应，商业平台引入了新的监控模式，以隐私换取社会资本的积累。一些对平台持批评态度的人反对用户既被当作工作人员生成内容并向社交网络平台提供数据，又作为消费者被迫通过放弃隐私来交换所需的处理工具。更进一步，有些人认为销售隐私可能被错误地视为用户渴望联系和促进自我完善的自然结果，而不是深深植根于政治经济学视角的受众商品化的必然结果。基于此，隐私研究者始终主张捍卫私人、企业和公共空间之间的界限，以保护公民的权利，使其免受平台运营者针对用户要求更多"透明度"的影响。[1]因此，展开隐私数据分级分类就成为数字时代隐私保护必然要解决的问题。

---

[1] 何塞·范·迪克. 连接：社交媒体批评史 [M]. 晏青，陈光凤，译. 北京：中国人民大学出版社，2021：19.

此外，数字时代的隐私更多的是信息隐私，可以长期复用并且没有损耗和折旧，这就需要用新的思维处理隐私保护的问题。

8.1.2 从隐私影响因素探索新结构

从结构方程模型分析结果看，在数字时代隐私价值需要重新评估，这涉及权利让渡的问题，如有人为了便利让渡隐私，也有人花费金钱、时间和精力保护隐私，对应到法学上是人格权和财产权的博弈，而在数据作为生产要素的当下，隐私数据更是其重要构成，因此探索一套适应数字时代隐私价值发挥的体系就变得很重要。隐私疲劳反映的是平台社会下的垄断问题，虽然我国目前出台了《关于平台经济领域的反垄断指南》（国反垄发〔2021〕1号），并对一些互联网巨头开出巨额罚单，但本质上网民与平台的不对等问题依然未得到解决，这就会导致持续产生"数字辞职"和隐私漠视。舆论环境中的媒体报道叙事是值得关注的，单一的负面报道或者正面报道对个体行为并不会产生影响。作为拟态环境的营造者，媒体的隐私报道叙事和框架分析是值得新闻传播领域的研究者关注的。隐私素养的建构和培养也是值得关注的。传统的研究更多侧重媒介素养、网络素养，隐私或者说信息隐私是数字时代网民面临的普遍问题。目前政府部门和企事业单位正在尝试进行职业上的探索，如首席数据官、首席隐私官等职业的提出，这些职业的发展脉络是值得长期关注的。当数字追踪和监视成为一种常态时，隐私保护的重要性更加突出，否则搭建的社会治理框架将是无源之水、无本之木。从人口学的社会时空分析角度来看，隐私数据的分级分类是社会议题，更是系统工程，需要基于更庞大的社会行动结构展开探索。

平台作为信息基础设施拥有较大的自主权。班贝格（Bamberger）等通过对平台公司首席隐私官的深度访谈，梳理出新隐私治理的内容、企业实践困境、运作架构，但隐私治理整体是动态发展的，要根据外部规范和要求随时做出反应。[1] 首席隐私官、首席数据官等职业的出现一定程度上表明数字时代隐私的管理已经提上日程，对于个人来讲，需要在传统媒介素养教育的基础上有意识地培养隐私素养。隐私素养培养可以借鉴欧盟数字能力（digital compe-

---

[1] BAMBERGER K A, MULLIGAN D K. New governance, chief privacy officers, and the corporate management of information privacy in the United States: an initial inquiry [J]. Law & Policy, 2011, 33 (4): 477-508.

tence）涵盖的领域，主要包括信息（information）、交流（communication）、内容创作（content creation）、安全（safety）、问题解决（problem solving）五个层面，具体内容见表8.1。从基础搭建来看，要注意隐私素养与数字鸿沟密不可分。皮帕·诺里斯（Pippa Norris）从三个方面定义了数字鸿沟：一是全球鸿沟，指不同国家经济发展水平不同带来的网络接入差距；二是社会鸿沟，指国家内部信息富足者和信息贫困者之间存在的差距；三是民主鸿沟，指在社会动员或参与公共生活时，不同主体使用电子资源的能力的差距。这一定义相对全面地概括了数字鸿沟的本质，即受年龄、经济状况、技术素养、地域、教育水平、社会制度等多重因素影响。❶ 隐私素养的培育应该与数字鸿沟现状紧密结合，基于与企业、政府的互动，按照人口统计学特征分层次分梯队展开。

表8.1 欧盟数字能力内容

类别	内容
信息	识别、定位、检索、存储、组织和分析数字信息，判断其相关性和目的
交流	在数字环境中进行交流，通过在线工具共享资源，通过数字工具与他人联系和协作，与社区和网络互动并参与其中，具有跨文化意识
内容创作	创建和编辑新内容（从文字处理到图像和视频制作）；整合和重新阐述以前的知识和内容；制作创意表达、媒体输出和节目；处理和应用知识产权和许可
安全	个人保护、数据保护、数字身份保护、安全措施、安全和可持续使用
问题解决	识别数字需求和资源，根据目的或需要寻找合适的数字工具并作出明智的决定，通过数字手段解决概念问题，创造性地使用技术，解决技术问题，提升自己和他人的能力

需要补充的是，本次研究对网民的隐私观念及其影响因素展开了调查，因此在隐私素养的培养层面，首先需要明确网民的隐私期待。在2020年第六届中国互联网法治大会上，北京互联网法院法官孙铭溪指出，要在隐私期待维度上进行个人信息的分层：一是一般信息一般同意；二是隐私期待不同的场景区别对待，要考虑产品场景、目的方式、个案场景、具体信息、主体意愿等；三是共识私密信息，包含性生活、性取向、基因信息、疾病史、未公开的违法犯罪记录等。

---

❶ 薛伟贤，王涛峰，等．"数字鸿沟"研究述评［J］．科技进步与对策，2007，24（1）：4．

8.1.3 从隐私自主到隐私数据交易

对于隐私问题而言，在初期，自主性的作用需要协调不同的主体。要想让隐私自主真正实现并发挥作用，就需要平衡个体、平台、政府、行业等不同主体的相关利益，否则隐私保护终究是不平衡的，是不可能实现的。因此，本书对网络社会治理中的相关主体进行访谈，并试图归纳出对应主体的功能角色，像帕森斯（Parsons）在《社会行动的结构》中描述的那样，寻求数字时代隐私自主的结构角色，并进一步探讨隐私保护的归途。基于数据作为生产要素的大背景，平衡创新发展和隐私保护。从数字化的发展来看，目前呈现市场发展规律和数据要素资源化、资产化、资本化的演进脉络，这是因为过度的隐私保护会带来不同主体信息不对等，影响创新和经济发展，从而带来垄断和寡头市场，因此结合不同利益相关者的需求，寻找数据公益和数据私益的双向平衡就具备了现实意义。

8.2　未来进路

走向隐私自主的研究缘起于隐私的价值。在新媒体时代，尊重他人隐私显得尤为重要，因为侵犯隐私的成本更低，不经意的复制粘贴、跟踪监视、"人肉搜索"都会给自然人带来困惑[1]。而在更宏大的网络社会治理背景下，隐私问题是必须面对的，可以是公共空间的摄像头，也可以是网络空间的浏览痕迹。本书基于隐私观念的变化对数字时代网民隐私观、影响因素及隐私保护的相关主体展开讨论，但对于隐私这一宏大研究领域而言，依然是冰山一角。笔者基于对新媒体发展的观察，提出未来隐私领域值得研究的议题。当然，这是在新媒体与社会变迁的视角下提出的，传播政治经济学、网络传播学等学科视角依然有很多值得探讨的隐私议题，这里不再赘述。

8.2.1　医疗隐私问题亟需关注

前文的分析中指出，隐私的分级分类是下一步亟需解决的问题，可以从人口学视角，也可以基于不同领域展开。在前期的资料整理中笔者发现，目前患

---

[1] 牛静，刘丹. 自媒体的传播伦理风险与原则建构——以"拉面哥被过度消费"事件为分析对象[J]. 青年记者，2021（7）：13-14.

者的诊断记录、用药效果、遗传病史、基因数据等均由各家医院独自存储❶，一旦遭到泄露其危害将不可估计。此外，医疗隐私作为敏感数据，一旦处理不妥，会影响用户的披露意愿，不利于行业的长期发展。在新冠疫情时期，"云端"生活成为常态，在线医疗问诊得以发展，这意味着医疗服务中的隐私问题将与网络社会的一切深入绑定，从微观看是个人的量化和透明，"数字自我"成为常态，从中观看需要提升医生对患者隐私的敏感度，从宏观看则是医疗体系信息化的问题。在线医疗用户数据激增，医疗数据发布可以为用户提供更好的服务，然而，疏忽地发布数据可能会导致用户隐私的严重泄露。在完善新型基础设施的前提下，需要对医疗数据在政策法规上加以保护。在比较视野下研究不同国家的健康信息管理成为趋势，包括法规政策、组织架构和技术运用等层面❷，将为在线医疗隐私的保护提供借鉴。此外，从数据生命周期视角研究医疗健康大数据可为隐私保护提供思路。❸ 以上，不仅是健康传播领域必须面对的问题，更是数字时代医疗行业发展必须面对的问题。

8.2.2 数字遗产的保护与利用

数字遗产问题是近年来国内外学者讨论的焦点，这是因为在数字平台上个人隐私多以数据信息的形式呈现，"数字化生存"进一步对个人隐私的状态与观念产生影响。当一个人去世时，存留在网络空间中的隐私信息却没有被删除，由此构成了逝者隐私，而有关逝者隐私保护的议题一直为学界所讨论和争议。从内部逻辑看，保护逝者隐私是人文关怀的体现，更是尊重个体尊严与自主性的自然延伸，但目前由于中介性平台的网络协议限制、逝者遗产继承人保护逝者隐私的法律法规尚不健全、逝后隐私的实践路径探索等原因，逝者隐私并未得到很好的保护。从外部逻辑看，数字遗产具有重大的社会意义，美国、德国相继对数字遗产的继承问题开展了研究，而在我国，游戏账号、社交媒体账号、网店账号等的继承和管理在法律上还存在一定争议。牛彬彬认为，数字遗产可以分为四大类，一是私人账户和信息，二是社交账户和信息，三是办公

---

❶ 闫立，吴何奇. 重大疫情治理中人工智能的价值属性与隐私风险——兼谈隐私保护的刑法路径 [J]. 南京师大学报（社会科学版），2020（2）：32-41.

❷ 邹凯，刘阳，刘钊，等. 中美比较视野下我国个人健康信息管理的现状、问题及对策 [J]. 图书馆，2020（9）：6.

❸ 郭子菁，罗玉川，蔡志平，等. 医疗健康大数据隐私保护综述 [J]. 计算机科学与探索，2021，15（3）：389-402.

账户和信息，四是数字资产账户和信息，在这四大类数字遗产之下又可细分为具体的数字遗产种类，应当针对每种数字遗产分别确定其可继承性。❶ 这对于数字遗产的分级分类有一定的启示意义，未来需要与隐私的研究结果互相借鉴，从而构筑更人性化的隐私保护体系。

8.2.3　从技术负效应回应治理

隐私计算技术无疑是 2021 年的焦点话题，但正如前文所述，技术与社会是互相驯化的，最终都服务于社会治理问题的解决。这一点可以从技术的更迭中发现。2021 年 12 月 28 日，阿里巴巴达摩院发布 2022 十大科技趋势，这是其连续第四年对前沿科技发展趋势进行预测。❷ 达摩院综合分析了近三年来的 770 万篇公开论文、8.5 万份专利，内容涵盖了 159 个领域，并对近 100 位科学家展开深度访谈，提出了 2022 年可能逐步走进现实社会的十大科技，覆盖人工智能、芯片、计算和通信等领域。排名第七的是全域隐私计算，因为当下破解数据保护与流通问题存在两难，但隐私计算可以帮助走向全域数据保护。伴随计算和通信领域的变革速度加快，数据安全技术、隐私保护技术得到前所未有的关注，全域隐私计算或将成为安全领域的基础性技术。随着专用芯片、加密算法、白盒化、数据信托等技术融合发展，隐私计算有望实现全域数据安全保护，筑牢数字时代隐私保护的安全锁。可以说，全域隐私计算是隐私计算技术的更新。

技术的更新迭代发展是趋势，研究者必须具备技术批判视角。媒介决定论的研究者麦克卢汉（McLuhan）、伊尼斯（Innis）认为，新媒介技术对社会心理、社会文化和社会生态都将产生深远的影响，一种新媒介的诞生会带来一种新的社会文明。但新技术的发展也会带来一定的弊端，如詹姆斯·卡茨（James Katz）所说，技术发展带来的传播问题，只能用更先进的技术解决。因此，需要从新技术环境下隐私泄露的类型、隐私保护的风险识别、隐私计算和评估三个角度出发寻求出路。

整体来看，不乏技术悲观论，认为技术带来隐私的无处存放，因此越来越多的学者聚焦于数字技术与隐私风险的研究，但也有研究者认为，数字技术在

---

❶ 牛彬彬. 数字遗产之继承：概念、比较法及制度建构［J］. 华侨大学学报（哲学社会科学版），2019（5）：76-91.
❷ 阿里巴巴达摩院发布 2022 十大科技趋势［EB/OL］.（2021-12-28）［2022-01-01］. https://new.qq.com/omn/20220107/20220107A01IAG00.html.

十个领域对隐私保护的加强具有重要意义，包括健康问题、性别和性问题、法律问题、价值观和信仰、购物、阅读观察和倾听、工作、家庭生活、社会生活、匿名制，数字技术可以为这些领域的隐私侵蚀提供保护机制。本书认为，对于技术与隐私问题，可以做到事前的隐私评估、事中的隐私监管、事后的隐私评估，用追求技术透明的理念促进科技向善。

8.2.4 伦理视角融入制度设计

社会问题与伦理问题是并存的，技术的发展需要我们重新思考隐私伦理。例如，传播学研究中的"截屏社交"问题，聊天对方将聊天内容复制、截屏并转发的二次或者多次传播成为一种非常普遍的社会文化现象。"截屏社交"在促进信息传播、丰富网络内容的同时，其负面影响同样值得关注，不受控制的信息再传播将对个体的自我呈现和言论在一定程度上带来伤害。我国现有的隐私权法律体系难以充分覆盖网络空间的所有事物，特别是私人聊天信息这一特殊客体，行为规制与平台责任的结合及技术手段的加持将有利于弥补这一漏洞。❶

以社交机器人发展带来的隐私让渡问题为例，2017年7月，国务院印发《新一代人工智能发展规划》，提出制定促进人工智能发展的法律法规和相关伦理规范建设，建立伦理道德多层次判断结构及人机协作的伦理框架，确保人工智能规范、有序、可持续发展，而在伦理设计层面，则要考虑主体的道德后果、网络安全和隐私素养的普适性。《2001：太空漫游》主要围绕机器人伦理设计进行讨论，但核心问题是在多大程度上为智能机器赋予道德责任。一方面，目前学术界主要的讨论是围绕将机器人作为道德承受体展开的，如享受终极关怀的依据、公共规范层面的内容，最终要围绕尊重机器人身上的人性、机器人不完全是商品、人是机器人的道德监护人、要持续扩展技术道德关怀与伦理共同体的研究范围等问题进行研究。❷另一方面，道德承受体需要基于人机交互关系展开讨论，但最终的核心变量还是拟人化。这呼吁社会机器人的系统掌控者即机器人专家建立基于隐私保护的道德规范，并能够普遍监控机器人发展带来的道德后果。❸例如，可以在编程级别上根据社会规范、价值和义务调

---

❶ 李欢，徐偲骕．隔"屏"有耳？——聊天记录"二次传播"的控制权边界研究［J］．新闻记者，2020（9）：74-84.

❷ 杨通进．论机器人的道德承受体地位及其规范意涵［J］．哲学分析，2019，10（6）：21.

❸ VERUGGIO G, OPERTO F, BEKEY G. Roboethics: social and ethical implications of robotics［Z］. Springer Handbook of Robotics, 2016: 2135-2160.

整个人数据输入和输出的阈值，而不仅仅是基于经济价值和效用。从这个意义上说，算法不仅仅是工具，还可以被视为制度，但其作用必须服从公共利益。❶ 同样，数字平台中的隐私保护应被视为一种制度性产品，由此与用户的互动承担了监管范围内的公共义务。基于此，政策制定者、学者和倡导者可以基于大数据智能平台验证隐私保护技术的合理性。❷ 消费者则可以通过道德设计规范对机器人进行编程，使其不仅可以在特定时间操作或完成特定任务，而且可以保护个人空间。

在网络安全层面，必须警示数据资本主义和监视资本主义，二者都是通过监视用户信息获取经济利益，这些个人数据既是用户访问服务所必需的，又是收集、分析和出售给第三方的平台后可无限获利的。❸ 而且伴随技术的进步，这些监视将不仅局限于物理观察或窃听，还包括心理监视（使用性格测试和测谎仪作为人员选择的手段）和数据监视（集中收集计算机银行中个人的信息）。这给网络安全带来巨大挑战。

在隐私素养层面，隐私保护技能与数字鸿沟密不可分。美国哈佛大学教授皮帕·诺里斯（Pippa Norris）从三个方面定义了数字鸿沟：一是全球鸿沟，主要是经济社会不平等造成带来的网络接入差距；二是社会鸿沟，指国家内部之间，信息富足者和信息贫困者存在一定的差距；三是民主鸿沟，指在社会动员或参与公共生活的场景中，网民使用电子资源使用能力存在差别。这一定义比较系统概括了"数字鸿沟"的核心要义，受年龄、经济、技术素养、地域、教育水平和种族、社会制度等多重因素影响❹，人机互动中隐私素养保护的差异更是另外一种新型"鸿沟"，需要基于人口统计学特征分层次分梯队展开隐私的教育。

隐私影响评估及其流程是我国隐私伦理研究中值得借鉴的。❺ 目前隐私治理的范式有三种：一是控制范式，二是匿名化范式，三是个人信息隐私（per-

---

❶ NAPOLI P M. The algorithm as institution: toward a theoretical framework for automated media production and consumption [Z]. Fordham University Schools of Business Research Paper, 2013.
❷ JIN P Y, EUN C J, HEE S D. The structuration of digital ecosystem, privacy, and big data intelligence [J]. American Behavioral Scientist, 2018, 62 (10): 1319-1337.
❸ ROSEN M M. Review: why we choose Surveillance Capitalism: the fight for a human future at the new frontier of power [J]. The New Atlantis, 2020 (61): 106-113.
❹ 薛伟贤, 王涛峰, 等. "数字鸿沟"研究述评 [J]. 科技进步与对策, 2007, 24 (1): 190-193.
❺ 储节旺, 丁辉. 美国政府开放数据个人隐私保护政策及对我国的启示——基于52个政策文本的内容分析 [J]. 图书情报工作, 2021, 65 (8): 140-150.

sonal information privacy，PII）范式。❶ 对应到操作领域，则意味着隐私影响评估可以作为政府保护公民隐私的重要手段和工具。目前隐私影响评估在西方发达国家隐私管理实践中已经经历了二十多年的应用与发展。需要注意的是，西方隐私影响评估是出于平衡公众隐私保护诉求和政府隐私管理的需要，在特定的场景和事件中，政府可以通过信息数据管理项目进一步识别隐私风险因素、评估隐私风险影响和制定隐私风险应对方案，这对社会治理具有积极作用。隐私影响评估的实施分为三个阶段，分别是准备、分析和落实阶段。其中，准备阶段的主要目标是描述评估锚定项目、选择评估的时机、确定评估执行主体、明确评估协商的对象；分析阶段的任务是对信息流动进行描述，识别对应的风险并制定风险解决和应对方案；落实阶段的任务是发布隐私评估的研究报告，落实风险应对方案并更新评估的结果。可以说，西方隐私影响评估的丰富实践为我国制定隐私影响评估指南、推动设立隐私影响评估机构、建设多元主体协商机制及对应的风险管理体系提供了重要参考❷，这也是应对大数据时代风险的重要工具。

8.2.5　物联网环境下的隐私问题

数字经济环境下的隐私保护正在面临挑战，这是因为交流形态和主体已经发生改变，不再只是单纯的人与人之间的交流，人与物、物与物的交流将变得更加普遍。这与物联网技术的发展密切相关。物联网（IoT）作为物理对象的网络，主要通过嵌入传感器、软件和其他技术传输数据。其网络架构主要分为三层：一是设备（devices），二是边缘网管（the edge gateway），三是云（cloud）。最早讨论物联网概念是在1982年，卡内基·梅隆大学改进的可口可乐自动售货机成为第一台与互联网连接的设备。1999年凯文·阿什顿（Kevin Ashton）正式将其命名为物联网（internet of things），他认为射频识别（RFID）对于物联网至关重要，将使计算机能够管理所有单独的物联网。❸ 到目前为止，其应用领域主要有无人驾驶、智能家居、可穿戴设备、智能医疗保健、工

---

❶ 2022年1月，在苇草智库举办的"从大数据神话拯救隐私"讲座中，由北京航空航天大学法学院副教授余盛峰老师提出。

❷ 陈朝兵，郝文强. 作为政府工具的隐私影响评估：缘起，价值，实施与启示［J］. 中国行政管理，2020（2）：8.

❸ ASHTON K. That's internet of things' thing［J］. RFID Journal，2009，22（7）：97-114.

业物联网、智慧城市、能源管理、环境监测、军事应用等。❶可以看出，物联网为将物理世界更直接地集成到基于计算机的系统中创造了机遇，从而推动生产效率的提高。根据物联网分析公司（IoT Analytics）的统计，2020 年 IoT 联网设备如智能网联汽车、智能家居设备和工业联网终端等的数量已经首次超过非 IoT 联网设备，如智能手机、笔记本电脑和台式机等；截至 2020 年年底，全球 217 亿个活动联网设备中，IoT 联网设备达到 117 亿个（占比约 54%）。❷

物联网的关键驱动因素之一是数据。连接设备以提高效率取决于对数据的访问、存储和处理。为此，从事物联网业务的公司从多个来源收集数据，并将其存储在云网络中，以进行进一步的处理，这为隐私和安全问题埋下伏笔。尽管仍处于起步阶段，但有关隐私、安全和数据所有权等问题的政策法规仍在继续发展。美国、欧盟等陆续制定了与隐私和数据收集相关的法律。2015 年 1 月，美国联邦贸易委员会（FTC）针对物联网发展提出三项建议：数据安全性，即在设计 IoT 时，公司应始终确保数据收集、存储和处理的安全；数据同意，即用户应选择与物联网公司共享哪些数据，并且公司必须告知用户数据是否暴露；数据最小化，即物联网公司应仅收集所需的数据，并仅在有限的时间内保留收集的信息。整体来看，物联网的发展目前仍然处于平台碎片化阶段，缺少通用技术标准，碎片化的平台作为生活代理，进一步影响人们的道德决策、隐私权、自主权和控制权。❸信息隐私和合理安全是物联网普及必须解决的问题，而目前物联网管理和公司传统治理架构存在冲突，因此需要在实践中不断明晰物联网时代的隐私治理道路。如果说 3G、4G 时代随着智能手机的出现及内容不断丰富开启了移动互联网时代，那么 5G 来临后，下一代类比智能手机的终端则有可能是智能汽车，并有望进一步引爆车联网市场，但若安全关卡跟不上技术进步的节奏，就会带来隐私泄露。❹建立一套全然不同于以往互联网发展的衡量标准，将为数字生态环境、个人隐私保护、数字劳工等问题的解决带来新的视角。

---

❶ 维基百科. 物联网概念学术访问 [EB/OL]. (2021-04-25) [2021-12-24]. https://en.wikipedia.org/wiki/Internet_of_things.
❷ 2020 年 IoT 终端安全白皮书 [EB/OL]. (2021-03-09) [2021-12-14]. https://cloud.tencent.com/developer/article/1799052.
❸ VERBEEK PETER-PAUL. Moralizing technology: understanding and designing the morality of things [M]. Chicago: the University of Chicago Press, 2011.
❹ 范海潮, 顾理平. 大数据时代个人隐私的保护途径 [J]. 教育传媒研究, 2017 (5): 61-65.

参考文献

[1] SOLOVE D J. Understanding privacy [J]. Social Science Electronic Publishing, 2008, 59 (7): 57-58.

[2] 杨建国. 大数据时代隐私保护伦理困境的形成机理及其治理 [J]. 江苏社会科学, 2021 (1): 142-150, 243.

[3] 盛小平, 焦凤枝. 法律法规视角下的数据隐私治理 [J/OL]. 图书馆论坛, 2021 (6): 1-15 [2021-05-18]. http://kns.cnki.net/kcms/detail/44.1306.G2.20201229.1623.007.html.

[4] 杨伯溆. 全球化: 起源、发展和影响 [M]. 北京: 人民出版社, 2002: 15.

[5] BANNERMAN S. Relational privacy and the networked governance of the self [J]. Information, Communication & Society, 2019, 22 (14): 2187-2202.

[6] IOSIFIDIS P, ANDREWS L. Regulating the internet intermediaries in a post-truth world: beyond media policy? [J]. International Communication Gazette, 2019, 82 (4): 174804851982859.

[7] 艾尔·巴比. 社会研究方法 [M]. 邱泽奇, 译. 北京: 华夏出版社, 2005: 23.

[8] HOLT E B, H C BROWN. Animal drive and the learning process, an essay toward radical empiricism [M]. New York: H. Holt and Co., 1931.

[9] BANDURA A. Self-efficacy: toward a unifying theory of behavioral change [J]. Psychological Review, 1977, 84 (2): 191-215.

[10] BANDURA A. Social cognitive theory of mass communication [J]. Media Psychology, 2001, 3 (3): 265-299.

[11] BANDURA A. Social foundations of thought and action: a social cognitive theory [J]. Englewood Clifs NJ, 1986 (23-28): 2.

[12] PATRICK R. The social contract and its critics, chapter 12 in the Cambridge history of eighteenth-century political thought eds [M] // MARK G, ROBERT W. Vol 4 of the Cambridge history of political thought. Cambridge: Cambridge University Press, 2006: 347-375.

［13］CASTIGLIONE D. Introduction the logic of social cooperation for mutual advantage-the democratic contract［J］. Political Studies Review, 2015, 13 (2): 161-175.

［14］约书亚·梅罗维茨. 消失的地域：电子媒介对社会行为的影响［M］. 肖志军, 译. 北京: 清华大学出版社, 2002.

［15］马歇尔·麦克卢汉. 理解媒介——论人的延伸［M］. 何道宽, 译. 南京: 译林出版社, 2019.

［16］METZGER M J. Communication privacy management in electronic commerce［J］. Journal of Computer-Mediated Communication, 2007, 12 (2): 335-361.

［17］PETRONIO S. Communication boundary management: a theoretical model of managing disclosure of private information between married couples［J］. Communication Theory, 1991 (1): 311-335.

［18］PETRONIO S. Translational research endeavors and the practices of communication privacy management［J］. Journal of Applied Communication Research, 2007, 35 (3): 218-222.

［19］PETRONIO S. Boundaries of privacy: dialectics of disclosure［M］. NY: SUNY Press, 2002.

［20］MILLER S, WECKERT J. Privacy, the workplace and the internet［J］. Journal of Business Ethics, 2000, 28 (3): 255-265.

［21］钟瑛, 刘利芳. 信息传播中的隐私侵犯及保护［J］. 新闻与写作, 2018 (2): 23-26.

［22］谢林江, 杭菲璐. 大数据背景下数据治理的网络安全策略［J］. 科技资讯, 2018, 16 (17): 2.

［23］FREEMAN R E, EVAN W M. Corporate governance: a stakeholder interpretation［J］. Journal of Behavioral Economics, 1990, 19 (4): 337-359.

［24］王身余. 从"影响"、"参与"到"共同治理"——利益相关者理论发展的历史跨越及其启示［J］. 湘潭大学学报（哲学社会科学版）, 2008, 32 (6): 28-35.

［25］劳伦斯·莱斯格. 代码2.0: 网络空间中的法律［M］. 李旭, 沈伟伟, 译. 北京: 清华大学出版社, 2009.

［26］L M M. Networks and states: the global politics of internet governance［J］. Choice Reviews Online, 2011, 48 (10): 48.

［27］彭兰. 自组织与网络治理理论视角下的互联网治理［J］. 社会科学战线, 2017 (4): 168-175.

［28］BOYD D. It's complicated: the social lives of networked teens［M］. New Haven, Connecticut: Yale University Press, 2014.

［29］JENKINS H. Confronting the challenges of participatory culture: media education for the 21st Century［M］. Cambridge, MA: the MIT Press, 2009.

[30] MARTENS H, HOBBS R. How media literacy supports civic engagement in a digital age [J]. Atlantic Journal of Communication, 2015, 23 (2): 120-137.

[31] VAN DEURSEN A, DIJK V J. Improving digital skills for the use of online public information and services [J]. Government Information Quarterly, 2009, 26 (2): 333-340.

[32] MAKAROV T G, KOBCHIKOVA E V. Digital rights [J]. Utopía y Praxis Latinoamericana, 2020, 25 (12): 202-207.

[33] NEUMEYER X, SANTOS S C, MORRIS M H. Overcoming barriers to technology adoption when fostering entrepreneurship among the poor: the role of technology and digital literacy [J]. IEEE Transactions on Engineering Management, 2020 (99): 1-14.

[34] CAROL N. Report on digital literacy in academic meetings during the 2020 COVID-19 lockdown [J]. Challenges, 2020, 11 (2): 20.

[35] CERVI L, CALVO S T, TUSA F, et al. Digital literacy and higher education during COVID-19 lockdown: Spain, Italy, and Ecuador [J]. Publications, 2020, 8 (48): 1-17.

[36] YANLI X, DANNI L. Prospect of vocational education under the background of digital age: analysis of European Union's "Digital Education Action Plan (2021—2027)" [C]. 2021 International Conference on Internet, Education and Information Technology (IEIT), IEEE, 2021: 164-167.

[37] STERN C, KAUR T. Developing theory-based, practical information literacy training for adults [J]. International Information & Library Review, 2010, 42 (2): 69-74.

[38] SHAPIRO J J, HUGHES S K. Information literacy as a liberal art: enlightenment proposals for a new curriculum [J]. Educom Review, 1996 (31): 31-35.

[39] CAFFARELLA E P. The new information literacy standards for student learning: where do they fit with other content standards? [J]. Academic Standards, 1998 (1): 5.

[40] LIBRARY A. Information literacy competency standards for higher education [J]. Teacher Librarian, 2000, 9 (4): 63-67.

[41] 约书亚·罗森伯格. 隐私与传媒 [M]. 马特, 等, 译. 北京: 中国法制出版社, 2012.

[42] 黄欣荣. 大数据, 数据化与科学划界 [J]. 自然辩证法通讯, 2018, 40 (5): 6.

[43] 刘文杰. 社交网络上的个人信息保护 [J]. 现代传播 (中国传媒大学学报), 2015, 37 (10): 133-136.

[44] 王利明. 人格权法新论 [M]. 长春: 吉林人民出版社, 1994.

[45] 王利明. 生活安宁权: 一种特殊的隐私权 [J]. 中州学刊, 2019 (7): 10.

[46] 张新宝. 隐私权的法律保护 [M]. 2版. 北京: 群众出版社, 2004.

[47] 魏永征. 中国新闻传播法纲要 [M]. 上海: 上海社会科学院出版社, 1999.

［48］宋素红，罗斌. 个人网络信息的隐私性及侵害方式——网络服务提供者收集和使用个人信息的性质分析［J］. 当代传播，2016（2）：4.

［49］KESAN J P, SHAH R C. Setting software defaults：perspectives from law, computer science and behavioral economics［J］. Social Science Electronic Publishing, 2006, 82（2）：583-634.

［50］杨伯溆. 新媒体和社会空间［J］. 青年记者，2008，16（11）：17.

［51］王骁，李秀娜. "周一见"事件引发的公众人物隐私权思考［J］. 新闻界，2015（11）：5.

［52］RACHELS J. Why is privacy important?［J］. Philosophy & Public Affairs, 1975, 4（4）：323-333.

［53］WESTIN A F. Privacy and freedom［J］. Washington and Lee Law Review, 1968, 25（1）：166.

［54］ALTMAN I. The environment and social behavior：privacy, personal space, territory, and crowding［M］. Monterey, Calif.：Brooks, 1975.

［55］KUFER J. Privacy, autonomy, and self-concept［J］. American Philosophical Quarterly, 1987, 19（1）：89.

［56］ETZIONI A. The privacy merchants：what is to be done?［J］. Social Science Electronic Publishing, 2012（4）：929.

［57］REGAN M P. Legislating privacy：technology, social values, and public policy［M］. Chapel Hill, NC：the University of North Carolina Press, 1995.

［58］赵万一. 民法的伦理分析［M］. 北京：法律出版社，2012：312.

［59］马克斯·范梅南，巴斯·莱维林. 儿童的秘密：秘密、隐私和自我的重新认识［M］. 陈慧黠，曹赛先，译. 北京：教育科学出版社，2004.

［60］ROESSLER B. The value of privacy［M］. New Jersey：John Wiley & Sons, 2018.

［61］吴卫华. 个人隐私保护的伦理反思与体系建构［J］. 中州学刊，2019（4）：166-172.

［62］查德·A. 波斯纳. 民商法论丛（第21卷）［M］. 中国香港：金桥文化出版社，2001：345-381.

［63］贺德方，等. 数字时代情报理论与实践［M］. 北京：科学技术文献出版社，2006：162，377.

［64］WARREN S, BRANDEIS L. The right to privacy［M］//GOLDSTEIN T. Killing the messenger：100 years of media criticism. New York：Columbia University Press, 1989.

［65］许可，孙铭溪. 个人私密信息的再厘清——从隐私和个人信息的关系切入［J］. 中国应用法学，2021（1）：3-19.

［66］杨楠. 个人信息"可识别性"扩张之反思与限缩［J］. 大连理工大学学报（社会科学版），2021，42（2）：98-107.

[67] 张璐. 何为私密信息？——基于《民法典》隐私权与个人信息保护交叉部分的探讨[J]. 甘肃政法大学学报, 2021（1）：86-100.

[68] 专家热议：个人信息保护与数据治理的挑战及应对[EB/OL].（2021-05-26）[2021-08-06]. https://mp.weixin.qq.com/s/M2x1nXgcVZHyKpKfiu5tZA.

[69] 张勇. 敏感个人信息的公私法一体化保护[J]. 东方法学, 2022（1）：1-13.

[70] 高富平. 论个人信息保护的目的——以个人信息保护法益区分为核心[J]. 法商研究, 2019, 36（1）：12.

[71] 姜盼盼. 大数据时代个人信息保护研究综述[J]. 图书情报工作, 2019, 63（15）：9.

[72] SIÂN L, BRADY R, et al. Networked privacy: how teenagers negotiate context in social media[J]. New Media & Society, 2014, 16（7）：1051-1067.

[73] DANIEL J S. The future of reputation: gossip, rumor, and privacy on the internet[M]. New Haven: Yale University Press, 2007.

[74] SMITH H J, DINEV T, XU H. Information privacy research: an interdisciplinary review[J]. MIS quarterly, 2011, 35（4）：989-1015.

[75] KÖNIG R, UPHUES S, VOGT V, et al. The tracked society: interdisciplinary approaches on online tracking[J]. New Media & Society, 2020, 22（11）：1945-1956.

[76] 张宇栋, 王奇, 刘奕. "后疫情时代"社区治理中的个人数据应用：问题与策略[J]. 电子政务, 2021（2）：84-96.

[77] BARNES S B. A privacy paradox: social networking in the United States[J]. First Monday, 2006, 11（9）：5.

[78] LUTZ C, MAREN S, HOFFMANN C P. The privacy implications of social robots: scoping review and expert interviews[J]. Mobile Media & Communication, 2019, 7（3）：412-434.

[79] 顾理平. 整合型隐私：大数据时代隐私的新类型[J]. 南京社会科学, 2020（4）：7.

[80] OULASVIRTA A, et al. Transparency of intentions decreases privacy concerns in ubiquitous surveillance[J]. Cyberpsychology, Behavior and Social Networking, 2014, 17（10）：633-638.

[81] LANIER C D, SAINI A. Understanding consumer privacy: a review and future directions[J]. Academy of Marketing Science Review, 2008, 12（2）：1-31.

[82] HANCOCK P A, KESSLER T T, KAPLAN A D, et al. Evolving trust in robots: specification through sequential and comparative meta-analyses[J]. Human Factors, 2020, 63（7）：18720820922080.

[83] RAUHOFER J. Privacy is dead, get over it! Information privacy and the dream of a risk-free society[J]. Information & Communications Technology Law, 2008, 17（3）：185-197.

[84] 雷丽莉. 权力结构失衡视角下的个人信息保护机制研究——以信息属性的变迁为出发点[J]. 国际新闻界, 2019, 41 (12): 27.

[85] HUI K, TEO H, LEE S. The value of privacy assurance: an exploratory field experiment[J]. MIS Quarterly, 2007, 31 (1): 19-33.

[86] ACQUISTI A, CURTIS T, LIAD W. The economics of privacy[J]. Journal of Economic Literature, 2016, 54 (2): 442-492.

[87] KRASNOVA H, HILDEBRAND T, GÜNTHER O. Investigating the value of privacy in online social networks: conjoint analysis[C]. International Conference on Information Systems, DBLP, 2009.

[88] ACQUISTI A J, et al. What is privacy worth?[J]. Journal of Legal Studies, 2013, 42 (2): 249-274.

[89] HANN IL-HORN, HUI KAI-LUNG, LEE TOM, et al. Online information privacy: measuring the cost-benefit trade-off[C]. ICIS 2002 Proceedings, 2002.

[90] CRANOR L F, EGELMAN S, TSAI J Y, et al. The effect of online privacy information on purchasing behavior: an experimental study[C]. Proceedings of the International Conference on Information Systems, Montreal, Quebec, Canada, 2007.

[91] ASAI R, KAVATHATZOPOULOS I. The paradoxical nature of privacy[C]. Asian Privacy Scholars Network 2nd International Conference, 2012.

[92] STEEVES V, REGAN P. Young people online and the social value of privacy[J]. Journal of Information, Communication and Ethics in Society, 2014, 12 (4): 298-313.

[93] OHKUBO M, SUZUKI K, KINOSHITA S. RFID privacy issues and technical challenges[J]. IEEE Engineering Management Review, 2007, 35 (2): 51.

[94] 明卫红. 隐私与偷窥的文化研究[M]. 南京: 南京大学出版社, 2014: 27.

[95] 李·雷尼, 巴里·威尔曼. 超越孤独: 移动互联时代的生存之道[M]. 杨伯溆, 高崇, 等, 译. 北京: 中国传媒大学出版社, 2015.

[96] 刘立娥. 关于中西文化的隐私观差异研究[J]. 中国市场, 2008 (39): 94-95.

[97] WHITMAN J Q. The two western cultures of privacy: dignity versus liberty[J]. The Yale Law Journal, 2004 (6): 1221.

[98] 吴飞, 孔祥雯. 智能连接时代个人隐私权的终结[J]. 现代传播 (中国传媒大学学报), 2018, 40 (9): 25-31.

[99] 翟石磊, 李灏. 隐私与跨文化交际[J]. 大连大学学报, 2007 (5): 118-121.

[100] 何道宽. 简论中国人的隐私[J]. 深圳大学学报 (人文社会科学版), 1996 (4): 82-89.

[101] 顾理平, 王飓濛. 社会治理与公民隐私权的冲突——从超级全景监狱理论看公共视频监控 [J]. 现代传播（中国传媒大学学报）, 2017, 39 (6): 34-38.

[102] 殷乐, 李艺. 互联网治理中的隐私议题：基于社交媒体的个人生活分享与隐私保护 [J]. 新闻与传播研究, 2016, 23 (z1): 69-77.

[103] 詹莉波. 框架理论下的电视调解类节目解读 [J]. 东南传播, 2013 (10): 68-69.

[104] 刘胜枝. 仪式观视野下的情感调解类节目——《谁在说》栏目的文化传播学分析 [J]. 现代传播（中国传媒大学学报）, 2014, 36 (2): 151-152.

[105] 陶建杰, 宋佳. 电视调解类节目的内容呈现及影响因素——以上海电视台娱乐频道《新老娘舅》为例 [J]. 南方电视学刊, 2015 (3): 52-56.

[106] 张萍. 故事·话语·叙述交流：《奔跑吧兄弟》的叙事学分析 [J]. 中国电视, 2016 (6): 45-49.

[107] 庄睿, 于德山. 作为情感劳动的隐私管理——中国留学生代购群体的社交媒体平台隐私管理研究 [J]. 新闻记者, 2021 (1): 80-89, 96.

[108] LUO C, CHEN A, CUI B, et al. Exploring public perceptions of the COVID-19 vaccine online from a cultural perspective: semantic network analysis of two social media platforms in the United States and China [J]. Telematics and Informatics, 2021 (65): 101712.

[109] 禹卫华, 黄阳坤. 重大突发公共卫生事件的政务传播：响应、议题与定位 [J]. 新闻与传播评论, 2020, 73 (5): 22-33.

[110] 禹卫华. 社交媒体全文本分析法刍议 [J]. 新闻记者, 2015 (12): 4.

[111] 钱彤, 王瑞斌. 传统媒体新闻叙事方式的变革——以新华社全媒报道平台为例 [J]. 新闻与写作, 2016 (6): 13-15.

[112] 黄炎宁. 数字媒体与新闻"信息娱乐化"：以中国三份报纸官方微博的内容分析为例 [J]. 新闻大学, 2013 (5): 54-64.

[113] 文卫华, 李冰, 等. 框架视野下的纸媒微博比较研究——以《新周刊》、《三联生活周刊》、《南方周末》新浪微博为例 [J]. 科技与创新, 2013 (6): 13-15.

[114] 申琦, 廖圣清. 网络接触、自我效能与网络内容生产——网络使用影响上海市大学生网络内容生产的实证研究 [J]. 新闻与传播研究, 2012 (2): 35-44, 110.

[115] 韩士皓, 彭兰. 融合新闻里程碑之作——普利策新闻奖作品《雪崩》解析 [J]. 新闻界, 2014 (3): 65-69.

[116] 张伦, 胥琳佳, 易妍. 在线社交媒体信息传播效果的结构性扩散度 [J]. 现代传播（中国传媒大学学报）, 2016 (8): 130-135.

[117] CARTER A E, HOY M, DESIMONE B B. Social media engagement tactics in U. S. community policing: potential privacy and security concerns [J]. The Police Journal: Theory, Practice and Principles, 2021, 94 (4): 556-571.

[118] HAGAR A, SHIRA D G, KEREN T, et al. This is capitalism. It is not illegal: users' attitudes toward institutional privacy following the Cambridge analytica scandal [J]. The Information Society, 2021, 37 (2): 115-127.

[119] CHRISTINE H, WOJTEK P. Technology use and norm change in online privacy: experimental evidence from vignette studies [J]. Information, Communication & Society, 2021 (24): 9, 1212-1228.

[120] 纪娇娇, 申帆, 黄晟鹏, 等. 基于语义网络分析的微信公众平台转基因议题研究 [J]. 科普研究, 2015, 10 (2): 21-29.

[121] 高敏. 新媒体语境下"中国梦"的媒介呈现与民间阐释——基于《你好, 明天》的语义网分析 [J]. 新媒体研究, 2016, 2 (9): 36-37.

[122] WEI SHI, HONGWEI WANG, SHAOYI HE. Sentiment analysis of Chinese microblogging based on sentiment ontology: a case study of '7.23 Wenzhou Train Collision' [J]. Connection Science, 2013, 25 (4): 161-178.

[123] QUINN K, EPSTEIN D, MOON B. We care about different things: non-elite conceptualizations of social media privacy [J]. Social Media+Society, 2019, 5 (3): 205630511986600.

[124] 顾理平. 大数据时代隐私信息安全的四重困境 [J]. 社会科学辑刊, 2019 (1): 96-101.

[125] 顾理平, 杨苗. 个人隐私数据"二次使用"中的边界 [J]. 新闻与传播研究, 2016, 23 (9): 75-86, 128.

[126] 吕耀怀. 当代西方对公共领域隐私问题的研究及其启示 [J]. 上海师范大学学报 (哲学社会科学版), 2012 (1): 5-16.

[127] BERILD L N. Privacy in the noise society [J]. Scandinavian Studies in Law, 2004 (47): 349-371.

[128] 田新玲, 黄芝晓. "公共数据开放"与"个人隐私保护"的悖论 [J]. 新闻大学, 2014 (6): 55-61.

[129] RUC新闻坊. "我社会性死亡了": 说得出的尴尬瞬间和走不出的隐私困境 [EB/OL]. (2020-12-08) [2023-03-08]. https://mp.weixin.qq.com/s/5NrHynP-OETmODtxpcPfZw.

[130] 赵瑜. 人工智能时代新闻伦理研究重点及其趋向 [J]. 浙江大学学报 (人文社会科学版), 2019, 49 (2): 100-114.

[131] NIPPERT-ENG CE. Islands of privacy [M]. Chicago IL: the University of Chicago Press, 2010.

[132] ALTMAN I. Privacy regulation: culturally universal or culturally specific? [J]. Journal of Social Issues, 1977, 33 (3): 66-84.

[133] HELEN N. Privacy in context technology, policy, and the integrity of social life [M]. Stanford: Stanford University Press, 2020.

[134] INTRONA L D. Privacy and the computer: why we need privacy in the information society [J]. Metaphilosophy, 1997, 28 (3): 259-275.

[135] COHEN J E. What privacy is for [J]. Harvard Law Review, 2012 (5): 1904.

[136] HUGL U. Reviewing person's value of privacy of online social networking [J]. Internet Research, 2011 (4): 21, 384-407.

[137] 叶伟明. 数字平台该关注社会公共利益了 [N/OL]. 深圳商报, 2021-03-01 [2021-07-01]. http://szsb.sznews.com/MB/content/202103/01/content_994415.html.

[138] 杨庆峰. 健康码、人类深度数据化及遗忘伦理的建构 [J]. 探索与争鸣, 2020 (9): 123-129, 160-161.

[139] BAMBERGER K A, MULLIGAN D K. New governance, chief privacy officers, and the corporate management of information privacy in the United States: an initial inquiry [J]. Law & Policy, 2011, 33 (4): 477-508.

[140] 徐敬宏, 赵珈艺, 程雪梅, 等. 七家网站隐私声明的文本分析与比较研究 [J]. 国际新闻界, 2017, 39 (7): 129-148.

[141] MARTIN K. Understanding privacy online: development of a social contract approach to privacy [J]. Journal of Business Ethics, 2016, 137 (3): 551-569.

[142] 徐敬宏, 段泽宁, 侯伟鹏, 等. 移动互联网商业模式下的数据共享与隐私保护 [J]. 情报理论与实践, 2018, 41 (1): 50-54.

[143] 顾理平, 俞立根. 手机应用模糊地带的公民隐私信息保护——基于五大互联网企业手机端的隐私政策分析 [J]. 当代传播, 2019 (2): 4.

[144] 方洁, 蒋政旭. 国际上区块链技术在媒体场景下的应用研究 [J]. 新闻与写作, 2020, 427 (1): 23-28.

[145] FRIK A, GAUDEUL A. A measure of the implicit value of privacy under risk [J]. Journal of Consumer Marketing, 2020, 37 (4): 457-472.

[146] HEUER T, SCHIERING I, GERNDT R. Privacy-centered design for social robots [J]. Interaction Studies, 2019, 20 (3): 509-529.

[147] VOULODIMOS A S, PATRIKAKIS C Z. Quantifying privacy in terms of entropy for context aware services [J]. Identity in the Information Society, 2009, 2 (2): 155-169.

[148] YVES-ALEXANDRE M D, et al. Unique in the crowd: the privacy bounds of human mobility [J]. Scientific Reports, 2013, 3 (3): 1376.

[149] 郑志峰. 人工智能时代的隐私保护 [J]. 法律科学 (西北政法大学学报), 2019 (2): 10.

[150] Information Commissioner's Office. Conducting privacy impact assessments code of practice [R]. Technical Report, Information Commissioners Office, 2014.

[151] DONG F. Controlling the internet in China: the real story [J]. Convergence, 2012, 18 (4): 403-425.

[152] 陈堂发. 新媒体环境下隐私保护法律问题研究 [M]. 上海: 复旦大学出版社, 2018.

[153] 林凌, 李昭熠. 个人信息保护双轨机制: 欧盟《通用数据保护条例》的立法启示 [J]. 新闻大学, 2019 (12): 1-15, 118.

[154] 俞胜杰, 林燕萍. 《通用数据保护条例》域外效力的规制逻辑、实践反思与立法启示 [J]. 重庆社会科学, 2020 (6): 18.

[155] 陈华丽. 个人信息使用的三个关键点——以欧盟《通用数据保护条例》为视角的分析 [J]. 青年记者, 2018 (27): 77-78.

[156] 赵如涵, 袁玥. 平台驱动新闻业的新挑战: 欧盟《通用数据保护条例》影响下的新闻生产 [J]. 中国出版, 2019 (22): 35-39.

[157] 魏怡然. 智能互联的隐私风险: 法律挑战与欧盟规制 [J]. 国外社会科学, 2020 (2): 106-116.

[158] DEGELING M, UTZ C, LENTZSCH C, et al. We value your privacy. Now take some cookies: measuring the GDPR's impact on web privacy [J]. Informatik Spektrum, 2019, 42 (5): 345-346.

[159] 张彬, 彭书桢, 金知烨, 等. "大智物云"时代数据治理国家战略比较分析——数据开放、网络安全保障与个人隐私保护 [J]. 电子政务, 2019 (6): 100-112.

[160] 殷乐, 于晓敏. 被遗忘权: 网络空间的隐私保护与治理——基于全球部分国家的立法与实践分析 [J]. 新闻与写作, 2017 (1): 14-17.

[161] 王正青. 大数据时代美国学生数据隐私保护立法与治理体系 [J]. 比较教育研究, 2016, 38 (11): 28-33.

[162] 王英. 澳大利亚国家档案馆信息治理政策体系研究 [J]. 浙江档案, 2020 (11): 26-29.

[163] 徐敬宏. 美国网络隐私权的行业自律保护及其对我国的启示 [J] 情报理论与实践, 2008, 31 (6): 955-957, 907.

[164] LIT E. Understanding social network site users' privacy tool use [J]. Computers in Human Behavior, 2013, 29 (4): 1649-1656.

[165] MADDEN M. Privacy management on social media sites [R]. Pew Internet Report, 2012.

[166] STUTZMAN F, KRAMER-DUFFIELD J. Friends only: examining a privacy-enhancing behavior in Facebook [C]. Proceedings of the SIGCHI Conference on Human Factors in Computing Systems, 2010.

[167] BOYD D, MARWICK A E. Social privacy in networked publics: teens' attitudes, practices, and strategies [C]. A Decade in Internet Time: Symposium on the Dynamics of the Internet and Society, 2011.

[168] BRANDTZAEG B P, LÜDERS M, SKJETNE J H. Too many Facebook 'friends'? Content sharing and sociability versus the need for privacy in social network sites [J]. International Journal of Human-Computer Interaction, 2010, 26 (11-12): 1006-1030.

[169] HOGAN B. Persistence and change in social media [J]. Bulletin of Science Technology & Society, 2010, 30 (5): 309-315.

[170] WOLF R D, WILLAERT K, PIERSON J. Managing privacy boundaries together: exploring individual and group privacy management strategies in Facebook [J]. Computers in Human Behavior, 2014, 35 (1): 444-454.

[171] 徐敬宏, 侯伟鹏. "隐私担忧"的中介效应: 基于对大学生微信使用的结构方程模型分析 [J]. 传播与社会学刊, 2020 (54): 59-94.

[172] 牛静, 常明芝. 社交媒体使用中的社会交往压力源与不持续使用意向研究 [J]. 新闻与传播评论, 2018, 71 (6): 5-19.

[173] 徐敬宏, 张为杰, 李玲. 西方新闻传播学关于社交网络中隐私侵权问题的研究现状 [J]. 国际新闻界, 2014, 36 (10): 146-158.

[174] 申琦. 风险与成本的权衡: 社交网络中的"隐私悖论"——以上海市大学生的微信移动社交应用 (APP) 为例 [J]. 新闻与传播研究, 2017, 24 (8): 55-69, 127.

[175] 申琦. 利益、风险与网络信息隐私认知: 以上海市大学生为研究对象 [J]. 国际新闻界, 2015, 37 (7): 85-100.

[176] 董晨宇, 丁依然. 社交媒介中的"液态监视"与隐私让渡 [J]. 新闻与写作, 2019 (4): 6.

[177] 申琦. 网络素养与网络隐私保护行为研究: 以上海市大学生为研究对象 [J]. 新闻大学, 2014 (5): 110-118.

附录 A 访谈纲要

访谈伦理

本次调查为学术调研,不做任何商业用途,并对您的信息严格保密,绝不对课题组成员之外的人士公开,在后期的报告、著作和研究论文中您的个人具体信息也不会泄露,与您有关的内容将用代码替换。最终的研究成果中的受访者姓名将以匿名的形式展示或引用。研究的结果预计将用于本人的博士学位论文撰写。感谢您作为受访者参与此次调查!

访谈提纲

访谈主要分为五部分展开,第一部分为隐私泄露现状,第二部分为隐私管理方法,第三部分为隐私保护期待,第四部分为受访者个人信息及其家庭周期、生命周期和社会时间,第五部分为受访者的个人特质。

一、隐私泄露现状

1. 新闻报道中您关注哪一类隐私泄露的议题?
2. 您认为什么类型的人会更加在乎隐私?
3. 您在生活中经历过隐私泄露吗?
4. 如何理解网络时代隐私的价值?
5. 如何看待大数据环境下的隐私问题?

二、隐私管理方法

1. 您和身边的人交流隐私管理方法吗?
2. 您自己采取过何种措施保护隐私?
3. 何种因素促使您采取了保护措施?

三、隐私保护期待

1. 您对国内隐私保护现状了解程度如何？
2. 您对国外隐私保护现状了解程度如何？
3. 您对隐私保护的环境期待有哪些？
4. 您对隐私保护的技术期待有哪些？
5. 您对隐私保护的政府期待有哪些？
6. 您对隐私保护的平台期待有哪些？
7. 您对隐私保护的行业期待有哪些？
8. 您对隐私保护的个人期待有哪些？

四、受访者及其生命周期、家庭周期和社会时间

1. 是否可以简要介绍您的个人基本情况和经历（包括年龄、籍贯、个人经历、工作的行业、教育程度、职业等）？
2. 在不同年龄的时候您对隐私的在乎侧重点有所不同吗？
3. 您是自己住，还是和朋友、家人一起住？如果不是自己居住，能否简要描述一下您的家庭构成和家庭成员情况？
4. 有哪些关键时间节点对您产生影响（如"剑桥分析"事件、"斯诺登"事件、"水门"事件、"9·11"事件等）？

五、个人特质

1. 您觉得自己是一个外向还是内向的人？
2. 您觉得自己是一个敢于尝鲜的人吗？
3. 您对新技术、3C产品一直以来都很关注吗？
4. 您觉得您在您的朋友中是新科技产品推荐者的角色吗？您的朋友要购买类似的产品会来询问您的意见吗？
5. 您在网络上是活跃的人吗（如在微博上发表评论、在社区论坛发言等）？
6. 您觉得自己是一个怕孤独的人还是独处能力较强的人？

备注：以上只是纲要，访谈中，依据访谈对象的职业和回答情况，会酌情调整访谈内容，如对于技术工程师侧重对隐私计算和增强隐私计算行业应用的访谈，对相关学者的访谈更多基于其研究的领域展开，对企业负责人的访谈则更多是从应用业务谈起。

附录 B 受访者信息列表

序号	访谈方式	性别	年龄	学历	职业	受访者来源	所在地区
1	面对面	女	20~30	硕士	学生（新闻传播）	学术会议	深圳
2	面对面	男	20~30	硕士	学生（新闻传播）	学术会议	深圳
3	面对面	男	20~30	硕士	学生（新闻传播）	学术会议	深圳
4	面对面	男	50~60	博士	大学教师（新闻传播）	学术会议	深圳
5	微信文字	女	20~30	博士	学生（新闻传播）	个人招募	北京
6	微信文字	女	20~30	硕士	学生（新闻传播）	个人招募	北京
7	微信文字	女	20~30	博士	学生（新闻传播）	个人招募	北京
8	微信文字	男	20~30	本科	学生（农学）	个人招募	新乡
9	微信文字	男	20~30	大专	学生（建筑专业）	个人招募	郑州
10	微信文字	女	20~30	硕士	党政机关	个人招募	嘉兴
11	会议提问（线上文字）	男	40~50	博士	大学教师（法学）	学术会议	北京
12	会议提问（线上文字）	男	40~50	博士	大学教师（法学）	学术会议	北京
13	面对面	女	30~40	博士	大学教师（新闻传播）	个人招募	北京
14	面对面	男	30~40	博士	党政机关	个人招募	北京
15	面对面	男	40~50	博士	党政机关	个人招募	北京
16	面对面	男	40~50	博士	党政机关	个人招募	北京
17	微信电话	男	30~40	硕士	大数据企业	个人招募	海口
18	微信电话	男	50~60	博士	党政机关	个人招募	海口
19	会议提问（线上文字）	男	40~50	博士	隐私计算企业	学术会议	上海

续表

序号	访谈方式	性别	年龄	学历	职业	受访者来源	所在地区
20	会议提问（线上文字）	男	40~50	博士	大学教师（社会学）	学术会议	西安
21	会议提问（线上文字）	男	40~50	博士	大学教师（社会学）	学术会议	北京
22	面对面	男	20~30	博士	学生（新闻传播）	个人招募	北京
23	面对面	女	20~30	博士	学生（新闻传播）	个人招募	北京
24	面对面	女	20~30	博士	学生（新闻传播）	个人招募	北京
25	面对面	女	20~30	博士	学生（新闻传播）	个人招募	北京
26	面对面	女	20~30	硕士	学生（社会学）	个人招募	北京
27	面对面	男	20~30	硕士	学生（法学）	个人招募	北京
28	面对面	男	20~30	硕士	学生（医学）	个人招募	北京
29	面对面	男	20~30	硕士	学生（法学）	个人招募	北京
30	面对面	女	20~30	硕士	学生（法学）	个人招募	北京
31	会议提问（面对面）	女	50~60	博士	大学教师（法学）	学术会议	北京
32	会议提问（面对面）	女	40~50	博士	大学教师（法学）	学术会议	北京

附录 C 调查问卷

您好！我是一名博士研究生，正在进行一项数字时代网民隐私观念和影响因素的调查研究，旨在为网民的隐私保护提供策略和建议。调查问卷采用匿名填写方式，预计需要 5 分钟左右完成。您的信息将严格保密，仅用于学术研究。题目选项无对错之分，请您按自己的实际情况填写。谢谢您的帮助与支持！

1. 您是否认同以下表述？（必填）

我能轻松检索、下载网络内容：

（1）非常不认同

（2）比较不认同

（3）一般认同

（4）比较认同

（5）非常认同

我能理解网络内容：

（1）非常不认同

（2）比较不认同

（3）一般认同

（4）比较认同

（5）非常认同

我会在网络上发表言论并能够参与互动：

（1）非常不认同

（2）比较不认同

（3）一般认同

（4）比较认同

（5）非常认同

2. 以下行为是否与您相符？（必填）

我会在家庭沟通中呈现我的个人信息：

（1）非常不符合

（2）比较不符合

（3）一般符合

（4）比较符合

（5）非常符合

如果政府出于管理需要，我会呈现我的个人信息：

（1）非常不符合

（2）比较不符合

（3）一般符合

（4）比较符合

（5）非常符合

我会在信任的社交圈内分享我的个人信息：

（1）非常不符合

（2）比较不符合

（3）一般符合

（4）比较符合

（5）非常符合

我会针对特定的议题需要分享我的个人信息：

（1）非常不符合

（2）比较不符合

（3）一般符合

（4）比较符合

（5）非常符合

我会在工作环境中分享我的个人信息：

（1）非常不符合

（2）比较不符合

（3）一般符合

（4）比较符合

（5）非常符合

我会在跨文化交流的时候分享我的个人信息：

（1）非常不符合

（2）比较不符合

（3）一般符合

（4）比较符合

（5）非常符合

3. 您会拒绝被收集以下哪些信息吗？［多选］（必填）

○ 个人位置信息（家庭住址、行踪轨迹、精准定位信息等）

○ 个人上网记录（通过日志存储的用户操作记录，包括网站浏览记录、点击数等）

○ 个人生物识别信息（指纹、声纹、面部识别特征等）

○ 个人运动及生理心理健康信息（如身高、体重、肺活量、身体健康情况、心理健康情况等）

○ 个人身份信息（身份证、护照、驾驶证等）

○ 个人基本信息（姓名、生日、性别、地址、个人电话号码等）

○ 联系人信息（通讯录、好友列表、电子邮件地址列表等）

○ 个人财产信息（银行账户、鉴别信息、存款信息、虚拟货币、虚拟交易等）

○ 网络身份识别信息（个人信息主体账号、IP 地址等）

○ 个人使用信息（用户生成内容等）

○ 个人常用设备信息（硬件序列号、手机电脑型号、唯一设备识别码等）

○ 个人通信信息（通信记录和内容、短信、彩信、电子邮件等）

○ 不拒绝被收集以上信息

4. 哪些表述与您相符？（必填）

我会定期清除搜索记录和浏览记录：

（1）非常不符合

（2）比较不符合

（3）一般符合

（4）比较符合

（5）非常符合

我会拒绝系统自动记忆我的账号密码：

（1）非常不符合

（2）比较不符合

（3）一般符合

（4）比较符合

（5）非常符合

5. 以下行为是否与您相符？（必填）

我会采取特定的隐私分享方式（如朋友圈、微博、知乎、豆瓣等）：

（1）非常不符合

（2）比较不符合

（3）一般符合

（4）比较符合

（5）非常符合

我能够决定我的隐私分享对象（如家人、朋友、APP等）：

（1）非常不符合

（2）比较不符合

（3）一般符合

（4）比较符合

（5）非常符合

我能够决定我的隐私分享类别（如普通个人信息、个人健康信息等）：

（1）非常不符合

（2）比较不符合

（3）一般符合

（4）比较符合

（5）非常符合

6. 我的个人隐私信息（搜索记录、金融账户等）曾被泄露（必填）：

○ 非常不同意

○ 比较不同意

○ 一般同意

○ 比较同意

○ 非常同意

7. 我的网络内容（如朋友圈内容、个人活动照片）曾被二次或多次传播和滥用（必填）：

○ 非常不同意

○ 比较不同意

○ 一般同意

○ 比较同意

○ 非常同意

8. 您是否认同以下表述？（必填）

网络会过多搜集和使用我的隐私：

（1） 非常不认同

（2） 比较不认同

（3） 一般认同

（4） 比较认同

（5） 非常认同

网络会监视我的各种行为：

（1） 非常不认同

（2） 比较不认同

（3） 一般认同

（4） 比较认同

（5） 非常认同

9. 您与以下表述相符吗？（必填）

对我来说处理关系网络隐私很麻烦：

（1） 非常不符合

（2） 比较不符合

（3） 一般符合

（4） 比较符合

（5） 非常符合

针对隐私协议条款我不会阅读只会默认同意：

（1） 非常不符合

（2） 比较不符合

（3） 一般符合

（4）比较符合

（5）非常符合

我不会采取行动保护我的隐私了：

（1）非常不符合

（2）比较不符合

（3）一般符合

（4）比较符合

（5）非常符合

10. 同事会影响我的隐私管理行为（必填）：

○ 非常不符合

○ 比较不符合

○ 一般符合

○ 比较符合

○ 非常符合

11. 朋友会影响我的隐私管理行为（必填）：

○ 非常不符合

○ 比较不符合

○ 一般符合

○ 比较符合

○ 非常符合

12. 家人会影响我的隐私管理行为（必填）：

○ 非常不符合

○ 比较不符合

○ 一般符合

○ 比较符合

○ 非常符合

13. 您是否认同以下行为？（必填）

注册会员会送礼物，我会填写个人信息：

（1）非常不认同

（2）比较不认同

（3）一般认同

(4) 比较认同

(5) 非常认同

我愿意花更多的钱购买隐私保护性能强的产品：

(1) 非常不认同

(2) 比较不认同

(3) 一般认同

(4) 比较认同

(5) 非常认同

吃饭时点评送水果拼盘或者菜品，我会写点评信息：

(1) 非常不认同

(2) 比较不认同

(3) 一般认同

(4) 比较认同

(5) 非常认同

14. 我国目前的法律规范能有效保护我的隐私（必填）：

○ 非常不同意

○ 比较不同意

○ 一般同意

○ 比较同意

○ 非常同意

15. 行业协会（如中国互联网协会）的倡议指导能有效保护我的隐私（必填）：

○ 非常不同意

○ 比较不同意

○ 一般同意

○ 比较同意

○ 非常同意

16. 网络平台的隐私协议能有效保护我的隐私（必填）：

○ 非常不同意

○ 比较不同意

○ 一般同意

○ 比较同意

○ 非常同意

17. 我认为媒体报道宣传能够促进我的隐私管理行为（必填）：

○ 非常不认同

○ 比较不认同

○ 一般认同

○ 比较认同

○ 非常认同

18. 您是否同意以下陈述？（必填）

选项	非常不同意	比较不同意	一般同意	比较同意	非常同意
我有信心应对隐私风险					
我能在无人指导的情况下管理好我的隐私					
我能在 APP 使用说明的指导下管理好我的隐私					

19. 我认为网络技术（如算法）是中立的（必填）：

○ 非常不符合

○ 比较不符合

○ 一般符合

○ 比较符合

○ 非常符合

20. 我认为网络技术是安全的（必填）：

○ 非常不同意

○ 比较不同意

○ 一般同意

○ 比较同意

○ 非常同意

21. 我信任网络隐私保护技术（如区块链、隐私计算等，最终达到"数据不见面，算法模型见面"的效果）（必填）：

○ 非常不同意

○ 比较不同意

○ 一般同意

○ 比较同意

○ 非常同意

22. 您是否同意以下表述？（必填）

选项	非常不同意	比较不同意	一般同意	比较同意	非常同意
我担心隐私泄露					
我认为网络环境安全					
我掌握了隐私管理技巧					

23. 您的职业是什么？（必填）

○ 国有、集体企业职工

○ 中小学教师

○ 行政、事业单位职工

○ 农民

○ 学生

○ 自由职业者

○ 个体经营者

○ 行政、事业单位干部

○ 进城务工人员

○ 三资、民营、私营企业高级主管

○ 三资、民营、私营企业中级主管

○ 三资、民营、私营企业职员

○ 国有、集体企业干部

○ 专业技术人员（如教师、律师、医生等）

○ 下岗、无业、待业人员

○ 离、退休人员

24. 您是否为独生子女？（必填）

○ 是

○ 否

25. 您目前的婚恋状态是什么？（必填）

○ 单身

○ 恋爱中

○ 已婚

○ 离异

○ 分居

○ 丧偶

26. 您主要居住状态是？（必填）

○ 独居

○ 和家人同住

○ 和同学或朋友同住/合租

○ 和陌生人合租

27. 您现居住地是哪里？（必填）

○ 国内特大城市（北京、上海、广州、深圳）

○ 国内其他大城市（如各省会城市）

○ 国内中小城市（如各地级县市）

○ 乡镇

○ 农村

28. 您少年时代（14 周岁以前）的居住地是哪里？（必填）

○ 国内特大城市（北京、上海、广州、深圳）

○ 国内其他大城市（如各省会城市）

○ 国内中小城市（如各地级县市）

○ 乡镇

○ 农村

29. 您的月收入区间是哪一个？（学生可填每月零花钱金额）（必填）

○ 500 元以下

○ 500~1 000 元

○ 1 001~3 000 元

○ 3 001~8 000 元

○ 8 001~15 000 元

○ 15 000 元以上

30. 您的性别是什么?(必填)
○ 男
○ 女

31. 您的年龄是_____?(必填)

32. 您的学历是什么?(必填)
○ 初中及以下
○ 高中/中专/技校
○ 大学专科
○ 大学本科
○ 硕士及以上